水生态系统资产核算研究与应用

闫志宏　尚瑞朝　著

黄河水利出版社
·郑州·

内 容 提 要

本书以国民经济核算体系、综合环境与经济核算框架作为参考，界定水生态系统资产定义及分类、水生态系统资产负债，构建核算指标体系，探讨水生态系统各项功能的存量及变动情况，在此基础上，参考国家资产负债表编制框架，对水生态系统资产负债进行核算，以此构建水生态系统资产“存量-流量”核算框架。主要内容包括：绪论、水生态系统资产核算框架体系、水生态系统资产存量及变动研究、水生态系统资产负债研究、水生态系统资产核算案例应用、水生态系统资产核算对水资源管理的支撑作用及结论与展望。

本书适用于高等院校水文学及水资源专业本科生及研究生，也可供相关专业的工程技术人员阅读参考。

图书在版编目（CIP）数据

水生态系统资产核算研究与应用/闫志宏，尚瑞朝著. —郑州：黄河水利出版社，2023. 11

ISBN 978-7-5509-3792-5

Ⅰ. ①水…　Ⅱ. ①闫…　②尚…　Ⅲ. ①水环境-生态系统-环境经济-经济核算-研究-中国　Ⅳ. ①X143

中国国家版本馆 CIP 数据核字（2023）第 223375 号

责任编辑	王燕燕	责任校对	鲁　宁
封面设计	黄瑞宁	责任监制	常红昕
出版发行	黄河水利出版社		
	地址：河南省郑州市顺河路 49 号　邮政编码：450003		
	网址：www. yrcp. com　E-mail：hhslcbs@ 126. com		
	发行部电话：0371-66020550		
承印单位	河南新华印刷集团有限公司		
开　　本	787 mm×1 092 mm　1/16		
印　　张	10. 25		
字　　数	237 千字		
版次印次	2023 年 11 月第 1 版　2023 年 11 月第 1 次印刷		
定　　价	68. 00 元		

前　言

随着经济发展、人口剧增、城市化范围的扩大及土地利用方式的根本改变,迫使人类对水资源的需求不断增加,对水资源的可持续开发利用产生了严重影响,破坏了水生态系统结构,引起了水生态系统诸多功能的逐步丧失。目前,水生态系统资产核算研究聚焦于采用经济学、资源学、生态学、环境学方法量化水生态系统服务,通过纵向比较不同年份的水生态系统服务实物量和价值量来反映水生态系统的变化,但其并不能准确体现引起水生态环境恶化的影响因素,无法对水生态系统功能退化的主因进行精准定位。本书遵循SNA、SEEA核算思路,通过对水生态系统资产进行核算,尝试编制水生态系统资产存量及变动表和水生态系统资产负债表,全面反映水生态系统资产“存量-流量”关系,准确解析水生态环境退化影响因素及其贡献率。

本书以水生态系统资产存量及变动表和水生态系统资产负债表两套表格的形式,体现了水生态系统资产“存量-流量”关系,既从纵向上反映了水生态系统的变化,也在横向上突出了引发水生态系统变化的根本要素。对水生态系统资产核算的初步探讨,可为其他生态系统核算提供借鉴,也可为水资源的优化配置及高效利用提供依据,对水资源保护和管理意义重大。本书主要包括水生态系统资产核算内容及研究方法介绍、水生态系统资产核算框架体系、水生态系统资产存量及变动研究、水生态系统资产负债研究、水生态系统资产核算案例应用、水生态系统资产核算对水资源管理的支撑作用等。

本书共分7章,第1~4章、第7章由闫志宏撰写,第5、6章由闫志宏、尚瑞朝撰写。全书由闫志宏统稿。

本书在撰写过程中参阅并引用了大量的文献,在此对这些文献的作者们表示诚挚的感谢;同时感谢河北工程大学王树谦、刘彬,中国水利水电科学研究院甘泓、贾玲在写作框架、数据收集及书稿写作过程中给予的大力帮助。

由于作者水平有限,书中难免出现不妥之处,恳请读者批评指正。

作　者

2023年7月

目 录

第 1 章　绪　论

1.1　研究背景及意义

1.1.1　研究背景

20 世纪中叶,随着经济的飞速发展,环境污染愈发严重,同时伴随着自然资源的过度消耗。粗放型的经济发展方式导致了大气污染、草原退化、森林减少、水资源短缺等一系列资源环境问题,严重威胁着人类的生产和生活。同时,资源的匮乏和生态环境的破坏又限制了经济的发展。依据可持续性发展理论,必须要转变经济发展模式,以科学的理论和方法,对资源耗减和环境破坏进行量化核算,并将资源环境核算纳入国民经济核算体系中,以促进社会经济与资源、环境的和谐发展。

生态系统组分及其生态过程不断地提供生态产品和服务,从而形成与维持着人类赖以生存的环境条件和物质基础。人口的剧增、自然资源的耗减,以及日益严重的环境污染,严重地破坏了自然生态系统,导致了全球性或区域性的生态危机,使得生态系统功能逐步丧失。当下,人类已经意识到生态环境对人类生存的重要性,生态环境的好坏对社会经济的可持续发展有着潜移默化的影响,生态系统服务功能不能被忽略,也不能被替代。生态系统服务概念的提出促使了人类从科学角度重新审视人类与自然生态系统的关系。生态系统服务评估能够量化人类社会从生态系统中获得的“福利”,有助于提高人类对生态系统保育和恢复重要性的认识,促进对生态系统进行科学合理、可持续的开发利用及保护。自 20 世纪 90 年代起,随着 Costanza R、Daily G C 等关于全球范围内的生态系统服务价值相关研究成果的发表,生态系统服务功能价值研究取得了突破性进展,并引起了国内外学者的巨大反响。特别是千年生态系统评估、生态系统与生物多样性经济学研究、综合环境与经济核算体系、环境经济核算体系试验性生态系统核算等项目的开展,极大地推动了生态系统价值研究,并促使各国政府尝试将生态系统价值评估纳入国民经济核算体系。

水作为最重要的生态要素,是生态系统内生物地球化学循环、生态系统服务流动与传输的重要载体,既可以为生态系统提供与水相关的服务,如向海洋生态系统、森林生态系统、草地生态系统等提供水资源和水分调节服务,同时可以向生态系统提供食物、碳封存及栖息地等产品及服务,水对于人类生存和社会发展起着至关重要的作用。水生态系统是最基础、最重要的一种自然生态系统类型,提供了人类生存的物质产品,同时维系了自然生态系统结构、功能及生态过程。随着经济的迅猛发展、人口的剧增、城市化范围日益扩大及土地利用方式发生变化,人类对水资源的需求不断增加,并将大量的污染物排入水体,对水资源的可持续开发利用造成了严重影响,破坏了水生态系统结构,导致水生态系统诸多功能的逐步丧失。如何维持现有水生态系统功能,修复其受损功能,促进水生态系统与人类生存、经济社会发展及资源环境的可持续发展,已成为水资源管理所面临的重大挑战,受到了全球性的广泛关注。

1.1.2 研究意义

1.1.2.1 符合国家生态文明建设的需求

生态兴则文明兴,生态衰则文明衰,生态文明建设关乎人类的生存与发展。我国生态文明建设历经了“三位一体”“四位一体”,到如今的“五位一体”,达到了前所未有的高度,彰显了生态文明建设的重要性。水是生命之源、生存之本,水资源是生态系统的控制要素,水生态文明建设是生态文明建设的核心内容。本书尝试对水生态系统资产进行“存量-流量”核算,将水资源耗减、水环境破坏、水生态系统退化等负效益纳入评价体系,以期为水生态文明建设提供参考,满足国家生态文明建设的需求。

1.1.2.2 为生态系统核算提供参考

Costanza R、Daily G C 等学者关于生态系统服务价值的研究成果,千年生态系统评估(MA)、生态系统与生物多样性经济学(TEEB)等开展的关于生态系统核算的项目,以及建立的综合环境与经济核算体系(system of integrated environmental and econonic accounting,SEEA)、综合环境与经济核算-试验性生态系统核算(SEEA-EEA)核算体系等,表明生态系统核算已取得了较大的成就,但生态系统服务概念及其分类、评估方法等问题众说纷纭,生态系统核算框架体系尚有研究空间。水生态系统是最基础的自然生态系统之一,在现有生态系统核算理论及方法的基础上,探究水生态系统资产核算框架体系,将水生态系统功能价值进行定量化核算,可增进人类对水生态系统功能的认识,有利于区域水生态系统结构与功能的完整性,促使水生态系统更好地服务于区域经济发展。当前生态补偿机制尚不完善,对水生态系统进行核算有利于确定生态补偿范围、补偿标准及补偿方式,期待为后续生态系统核算研究提供参考。

1.1.2.3 为水资源的优化配置及高效利用提供依据

在以往的开发利用活动中,人类过度追求水资源量的开发,过度捕捞水产品,向水体中大量排放污染物,致使水资源过耗、水生态环境被污染、水生态系统被破坏。水生态系统是水资源的重要贮存库,对水生态系统进行核算,能够全面反映水资源数量及质量的开发利用状况,能够以经济价值体现人类开发利用活动对水资源的影响程度,全面认识水资源的功能及其效用,为水资源的高效利用及优化配置提供基础数据支撑,使得水资源的利用在不破坏水生态系统平衡的条件下,达到社会效益、经济效益及环境效益等综合效益的最大化,为决策者对水资源的科学合理调度提供支持,以保障水资源的可持续开发利用。

1.1.2.4 为水资源管理决策提供支撑

水生态系统组分及其过程为人类生存和发展无偿提供了多种多样的生态系统产品及服务,如供给功能(向人类提供水资源、水能资源及水产品等)、调节功能(涵养水源、调节洪水、净化水质、调节温度及湿度、固碳释氧、提供栖息地等)、文化功能(休闲旅游、美学体验、科学研究等)。在水生态系统为人类提供的多种服务中,非实物性的水生态系统服务占绝大部分,它对人类的生存发展影响往往是间接的,且其价值难以量化,使得水生态系统服务的价值往往被人类所忽略。如今,人类逐步认识到水生态系统的重要性,特别是在进行水资源管理时,充分考虑水生态系统的影响是十分必要的。由于水生态系统服务的非实物性且难以量化,以往在进行水资源管理决策时,水生态系统提供的非实物性服务一直被忽视,过于追求水资源供给价值,使得水资源愈加紧缺、水污染严重、水生态环境被破坏。水资源管理决策过程应综合考虑流域或区域水生态系统提供的直接价值和间接价值,建立兼顾水量、水质、水域的综合管理体系,加强对水生态环境的保护和修复,使得水生态系统资产核算能够更好地为水资源管理决策提供支撑。

1.2 研究进展

1.2.1 自然资源核算

传统的国民经济核算体系(system of national accounts,SNA)忽略了自然资源耗减和环境破坏对经济发展的影响,因此迫切需要对自然资源进行核算,并将其纳入SNA中。

自然资源核算研究大致可以分为三个阶段。

第一阶段:20世纪40~90年代,国内外学术界尝试提出了一系列核算指标以体现自然资源耗减或环境破坏对国民经济核算的影响。英国经济学家约翰·希克斯(1946)第一次提出了绿色GDP理念;麻省理工学院(1971)第一次提出了生态需求指标(ecological requisite index,ERI); Nordhaus W D等(1972)提出了与资源环境计量有关的净经济福利指标(net economic welfare,NEW);苏联(1973)提出了物质产品平衡表体系(system of material product balances,MPS);中国学者李金昌(1987)采用功效论、财富论和地租论等理论方法确定自然资源的价值;Robert R等(1989)提出了国内生产净值指标(net domestic product,NDP),该指标主要反映资源损耗与经济增长率之间的关系;Daly H E等(1989)提出了可持续经济福利指标(index of sustainable economic welfare,ISEW),该指标尝试提出真实的经济增长率计算方法。与此同时,挪威、芬兰、法国、澳大利亚、墨西哥、美国、日本等发达国家,以及中国、印度尼西亚、菲律宾、印度等发展中国家相继开展了资源环境核算理论及方法、法律法规及政策制定等方面的研究。

第二阶段:1992~2012年,正式确定将资源耗减和环境破坏核算纳入国民经济核算体系,并对其核算体系框架展开研究。1992年,世界环境与发展大会的召开为环境和资源核算的研究提供了新的契机,会上正式提出将环境和资源要素纳入国民核算体系中。1993年,联合国统计司提出了综合环境与经济核算体系(SEEA1993),将其作为SNA的卫星账户。此后,在SEEA1993的基础上,相继发布了SEEA2000、SEEA2003及SEEA2012等三个版本,SEEA2012增加了环境退化及相关措施和评估方法的讨论,并尝试将其作为国际统一标准。加拿大于2006年发布了加拿大环境与资源账户体系(canadian system of environmental and resource accounts,CSERA),该体系主要包括自然资源存量账户、物质能源流量账户及环境保护支出账户。中国于2000年开始启动绿色GDP核算,发布了《中国国民经济核算体系2002》,编制了包括土地、矿产、森林、水等四种自然资源在内的《全国自然资源实物量表》,开展了中国森林资源核算纳入绿色GDP及中国水资源环境经济核算等研究项目。

第三阶段:2013 年至今,探索编制自然资源资产负债表,以反映自然资源资产存量及变化情况,经济体对自然资源资产的占有、使用、消耗、恢复和增值情况。自然资源资产负债表是一个崭新的概念,中国政府于 2013 年在中共十八届三中全会上首次提出。国际上尚未形成一份以国家或地区为主体的自然资源资产负债表,大多数国家基于综合环境与经济核算体系的理论及方法开展自然资源核算研究工作。对于自然资源资产负债表的概念,学术界有着不同的认识:一是基于领导干部离任审计的功能编制自然资源资产负债表;二是认为它是能够反映某一地区特定时间内自然资源存量、流量及其平衡关系的表格;三是认为自然资源资产负债表不仅能反映自然资源数量变动情况、损益情况,还能体现其价值变化;四是借助自然资源资产负债表核算资源环境资产,划定生态红线进行决策管理。目前,学术界就"先存量再流量、先实物再价值、先分类再综合"的编制原则已经达成了共识。关于自然资源资产负债表编制方法主要有两种:一种是会计核算思路,依据会计学复式记账理论的同体二分观"资产=权益",编制自然资源资产负债表;另一种是统计核算思路,参照国民经济核算体系(SNA)和综合环境与经济核算体系(SEEA)来编制自然资源资产负债表。学者们对土地资源、矿产资源、森林资源、草原资源、水资源及海洋资源等单项自然资源尝试编制了资产负债表,已在一省(河北省)五市(呼伦贝尔市、湖州市、娄底市、赤水市、延安市)两区(北京市怀柔区、天津市蓟州区)开展了试点工作。

自然资源核算内容包括两个方面,即实物量核算、价值量核算。实物量核算是采用统计学方法进行调研、查勘,或者利用遥感技术或地理信息系统等方式记录自然资源的存量。价值量核算并未形成统一的计算方法,目前利用较广泛的方法有替代成本法、影子工程法、边际成本法、条件价值法等。

经过数十年的发展,对于将资源环境核算纳入国民账户体系已达成共识,关于自然资源核算的研究理论和研究方法日趋成熟,各国开展了积极的理论体系探索和实践应用,对森林资源、土地资源等单项自然资源核算进行的实践应用较为深入,并尝试将 SEEA2012 作为国际统一核算标准。

1.2.2 水资源核算

水资源是重要的基础性和战略性自然资源,将水资源核算纳入国民经济核算体系是一项重要且紧迫的任务。

挪威早在 1974 年就开始了对自然资源核算的研究工作,是世界上最早进行自然资源核算的国家。1977 年,挪威环境保护部提交了关于物质资源和主要生物资源核算的初步研究报告;1987 年,提交了《挪威自然资源核算》报告,核算内容包括水资源,建立了实物量核算账户;1997 年,挪威开始进行经济和环境核算项目。

欧盟为了解决水资源紧缺、水污染严重及水生态系统遭到破坏等问题,成立了欧盟水资源核算工作组,并制订了一系列关于水资源的质量管理、设定标准、宣传推广等措施。欧盟水资源核算工作组建立了 NAMEA 型水资源框架,即在经典的国民账户框架内扩展出了更多与水资源相关的经济业务,并在荷兰、德国、法国、芬兰、英国、瑞典、比利时、丹麦、希腊、西班牙、爱尔兰、卢森堡、奥地利、葡萄牙等 14 个成员国及挪威开展了水资源账户的试验性研究。

澳大利亚于2000年公布了第一版水资源账户。近年来,澳大利亚政府创新推广通用目的水核算(general purpose water accounting,GPWA),GPWA不同于以往澳大利亚及国际采用的水资源核算方法,它主要汲取财务会计的理论和实践,采用统一的会计准则、会计报告和编制技术,来编制一致的、可比较的水核算报告,用管理经济的方式来严格管理水资源。GPWA采用复式记账法和权责发生制编制水资产和水负债表、水资产和水负债变动表、水流量表。水资产和水负债表类似于财务会计中的资产负债表,用以反映核算主体在某一时间节点水资源资产及负债的数量及性质,遵循恒等式:水资产-水负债=净水资产,期初净水资产+本期净水资产变动=期末净水资产。水资产和水负债变动表与财务会计中的损益表相当,用以说明核算主体在某一核算期间内净水资产的数量及性质的变动情况,遵循恒等式:水资产变动-水负债变动=净水资产变动。水流量表类似于财务会计中的现金流量表,用以反映核算主体在核算期间的水流动的数量及性质。

联合国统计司与伦敦环境核算小组在国民经济核算体系(SNA)及综合环境与经济核算体系(SEEA)的框架下,对水资源核算专题进行研究,并取得了丰富成果,分别于2007年和2012年出版了《水环境-经济核算体系》。《水环境-经济核算体系》是《国民账户体系(2008)》的附属体系,同时对环境经济核算体系框架进行了细化,共包含五类账户:一是供应表与使用表及排放账户;二是混合账户和经济账户;三是资产账户;四是质量账户;五是水资源的计值。供应表用以反映经济体内部之间的水流量及经济体流至环境的水量,使用表反映环境流至经济体的水量及经济体内部之间的水流量,供应表与使用表均以物理单位计量。排放账户用以说明经济体排至环境体污染物的量,以物理单位和货币单位计量。混合账户和经济账户将常规国民账户与经济体内的取水、供水和用水,以及排放至环境中的水与污染物等物理信息列在一起,以物理单位和货币单位两种方式进行计量。资产账户用以测算会计期间的期初存量及期末存量,记录核算期间的存量变化,按照物理及货币两种单位计量。其中,前三类账户在全球范围内已达成共识,并作为国际核算标准;第四类账户和第五类账户由于缺乏实践经验、科学知识或并未与《国民账户体系(2008)》达成一致,或上述原因的共同作用,就概念及与概念相关的核算问题并未达成一致意见,仍处于尝试性探索阶段。水环境-经济核算体系框架见图1-1。

中国关于水资源核算的研究主要是借鉴《综合环境与经济核算体系(SEEA)》和《水环境-经济核算体系(SEEAW)》中的理论与方法,总结发达国家关于水资源核算的理论及实践经验,并结合国情展开探索。2003年,国家统计局试编了包括水资源在内的《全国自然资源实物量表》。2005年起,开展“中国水资源统计核算”项目。2007年,水利部联合国家统计局提出开展水资源核算体系研究项目的试点工作。2009年,初步建立了中国水资源环境经济核算体系(CSEEAW)框架(见图1-2)。CSEEAW包括三部分:一是水资源实物量核算,二是水经济核算,三是水的综合核算。2013年,中共十八届三中全会《中共中央关于全面深化改革若干重大问题的决定》提出探索编制自然资源资产负债表,极大地促进了水资源核算研究发展。2014年,《水利部关于深化水利改革的指导意见》提出开展水资源使用权确权登记,为推进水资源资产负债表编制提供了制度保障。2016年,《自然资源资产负债表试编制度(编制指南)》(国统字〔2015〕116号)对水资源存量及变动表的编制给出了较为明确的说明和解释,这些举措极大地促进了学者们对水资源核算展开研究，主要在水资源价值内涵、水资源核算思路、水资源供给使用表编制、水资源存量及变动表编制、水资源资产负债表编制等方面进行了积极的探索和研究。

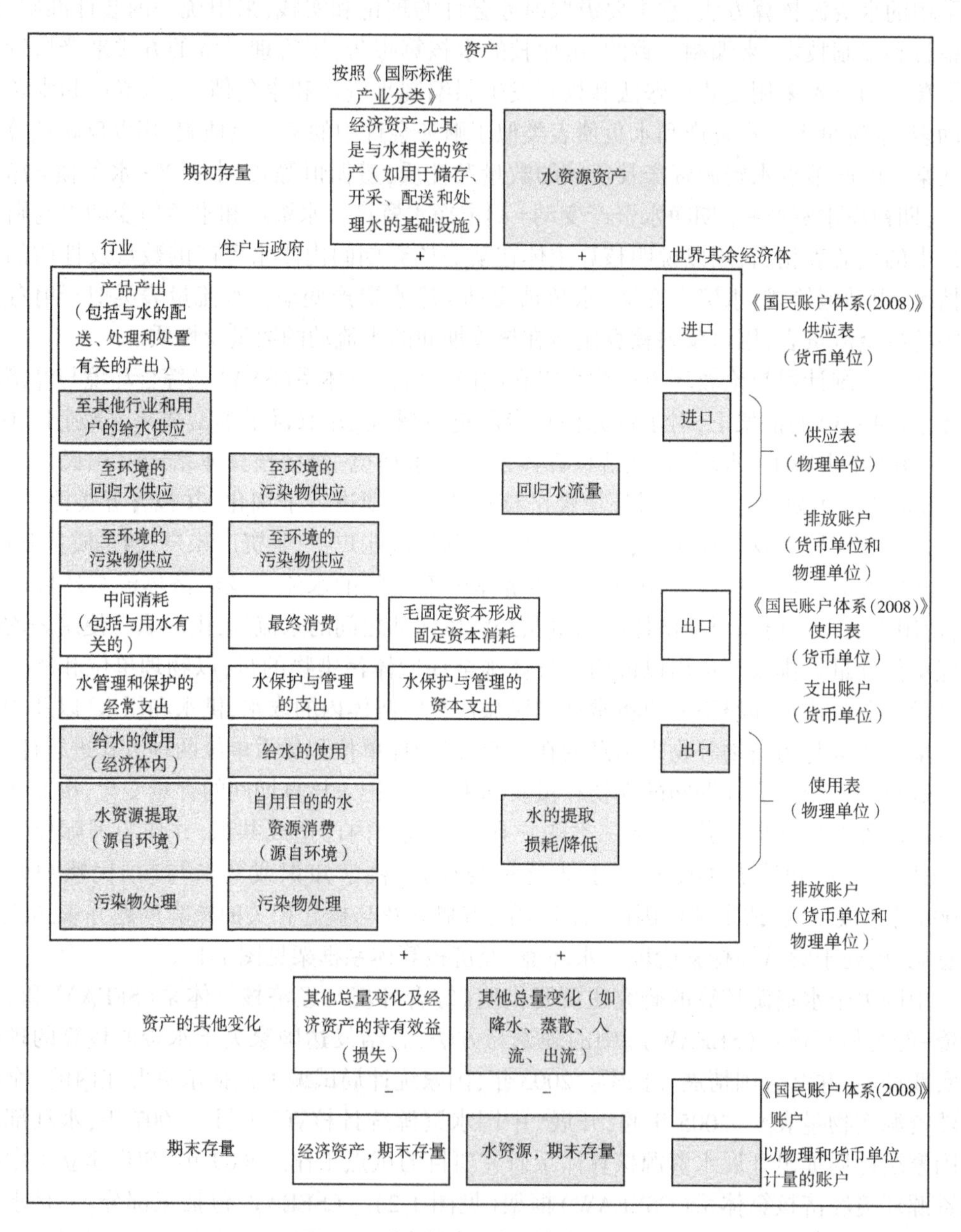

图 1-1 水环境-经济核算体系框架

水资源核算框架体系受到广泛关注的主要是联合国统计司水环境-经济核算体系（SEEAW）和澳大利亚通用目的的水核算（GPWA）。SEEAW 通过编制供应与使用表，以及排放账户、混合账户和经济账户、资产账户和质量账户，对水资源的开发、利用、配置及保护进行了全面描述。大部分国家或地区在 SEEAW 的基础上，依据本国水资源利用特点制定符合本国或本地区的水资源核算框架体系。澳大利亚通用目的的水核算（GPWA）不同于国际上使用的水核算方法,它主要采用的理论来自财务会计理论及实践方法,采用统一的会计准则、会计报告和编制技术,以体积为单位,记录有关水、水的权责过程。关于将水资源核算纳入国民经济核算体系尚待进一步研究。

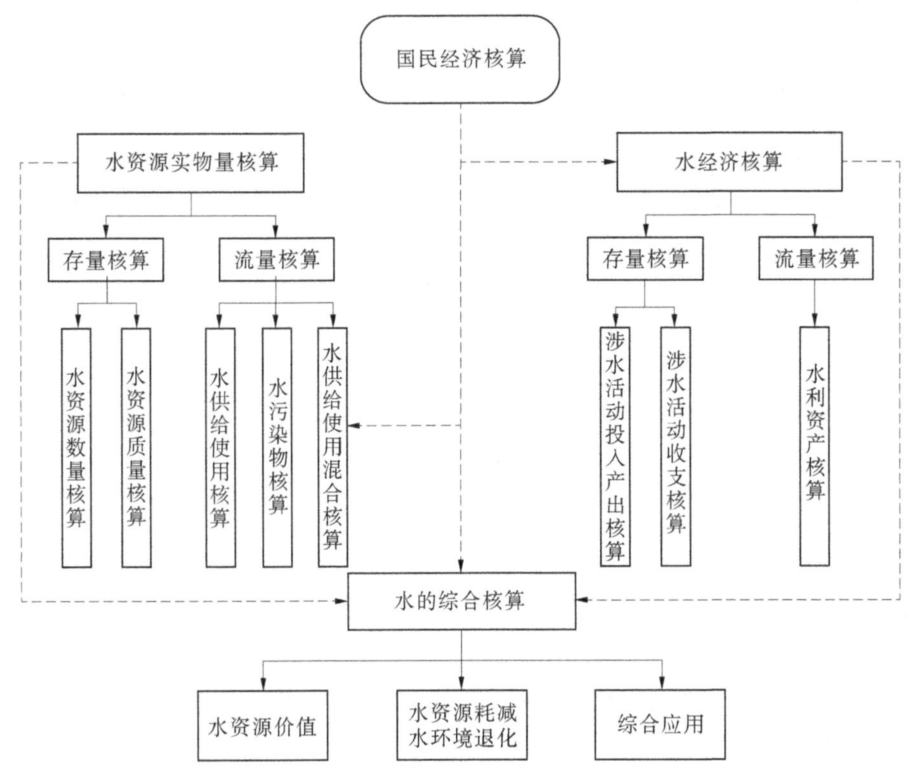

图 1-2 中国水资源环境经济核算体系框架

1.2.3 生态系统核算

生态系统是一种高度复杂化的生命支持系统,其组分及生态过程为人类生存和社会发展提供了必要的物质基础和服务功能。由于人类毫无节制地利用自然资源和破坏生态环境,致使生态系统组分和生态过程发生了变化,生态系统功能逐步衰退,对人类生存和社会发展造成了严重影响。生态系统服务概念的提出促使了人类从科学角度重新审视人类与自然生态系统的关系,量化生态系统服务价值,能够指导人类科学合理地利用自然资源和保护生态环境。

Tansley A G(1935)第一次提出"生态系统"的概念,此后对生态系统的研究渐成体系,且从研究生态系统结构逐步向研究生态系统功能的方向发展。1948 年,Vogt W 对"自然资本"概念的阐述为量化自然资源服务价值奠定了基础。20 世纪 60 年代,生态系统服务相关概念首次被使用。20 世纪 70 年代初,关键环境问题研究组(study of critical environmental problems,SCEP)提出了生态系统服务功能的理念,论述生态系统对人类生态资源环境的服务功能,包括调节气候和养分循环等。Holdren J P 和 Ehrlich P R(1974)将生态系统服务功能拓展为"全球环境服务功能",并增加了生态系统对土壤肥力和基因库的维持功能;1977 年,Westman W E 提出“自然服务功能”;1981 年,Ehrlich P 等将其确定为“生态系统服务”。自此,对于生态系统服务的研究呈现出百家争鸣的局面。

首先,生态系统核算需要解决如何定义生态系统服务的问题。De Groot R S(1992)认为生态系统服务是生态过程和其组分满足人类所需产品和服务的能力。Daily G C(1997)将生态系统服务定义为生态系统及其生态过程所形成与维持人类赖以生存的环境条件与效用。Costanza R 等(1997)将其定义为生态系统物品和服务,代表人类直接或间接从生态系统功能中获得的利益。Faucheux S 等(1998)认为生态系统服务是生态系统支持经济活动或人类财富的特定功能或服务。MA(2005)、TEEB(2010)提出生态系统服务即人们从生态系统中获得的利益。SEEA-EEA2014 将生态系统服务定义为经由经济和其他人类活动而充分利用生态系统资产产生的诸多资源和过程,生态系统服务被视为生态系统对经济体系及其他人类活动的贡献或效益。国内诸多学者参考国际学者的研究成果对生态系统服务的定义及内涵等进行了较为系统的研究。自然生态系统可以同时提供最有效、最持久的多项服务功能,且其提供的服务并不能轻易被技术取代。考虑到生态系统过程的动态性与复杂性,以及对生态系统服务的定义不同,其分类亦有显著不同。关于生态系统服务分类具有代表性的有 Costanza R、Daily G C、De Groot R S、MA、TEEB、SEEA-EEA、CICES5.1(2018)、谢高地及欧阳志云等。

其次,生态系统核算需要解决生态系统服务价值属性的问题。由于其定义及分类未形成统一认识,生态系统服务价值同样具有多样性。Pearce D W 等(1989)提出了总经济价值理论,认为环境资源的总经济价值包括利用价值、存在价值和选择价值。McNeely J A 等(1990)将生物资源的价值分为直接价值(消耗性利用价值、生产性利用价值)和间接价值(非消耗性利用价值、选择价值和存在价值)。Turner K(1991)将湿地效益的总经济价值分为利用价值和非利用价值,其中利用价值包括直接利用价值、间接利用价值和选择价值;非利用价值包括存在价值和遗产价值。以上学者关于生态系统服务价值分类成果的研究是生态系统服务价值属性理论研究的基础。

最后,生态系统核算需要解决生态系统服务评估方法的问题,评估内容包括实物量评估和价值量评估,采用实物评估法对生态系统服务进行实物量评估,采用市场价值理论法及成果参照法进行价值量评估。实物评估法是以物理单位对水生态系统服务的生物物理指标进行统计、测量、模拟和监测,主要包括查阅统计资料、调研走访、模型演算、野外试验研究、遥感技术及地理信息系统等方式。市场价值理论法主要包括实际市场评估、替代市场评估及模拟市场评估等三种方法。成果参照法即依据构建好的单位面积价值当量因子,结合生态系统服务功能的分布面积进行核算,目前被广泛采用的单位面积价值当量因子主要为 Costanza R 等和谢高地等的研究成果。每一种评估方法都存在各自的优点和不足,且每一类生态系统服务可以通过多种方法进行评估,针对不同的评估方法,评估结果差别较大。虽然,生态系统服务评估指标及评估方法的选择仍有较大差异,但这些研究为后续生态系统服务评估提供了理论基础。

尽管对生态系统服务概念、分类、价值属性及评估方法等几个方面的认识有偏差,但国内外学者依然展开了积极研究,主要进行了全球、区域或流域生态系统服务价值的评估研究,单个生态系统服务价值的评估研究,生态系统单项服务价值的评估研究等。国内外学者对不同尺度生态系统服务价值评估案例见表 1-1。

表 1-1　不同尺度的生态系统服务价值评估案例

研究尺度	年份	研究者	研究结论
全球、区域或流域生态系统服务价值评估	1997	Costanza R 等	估算了全球生态系统服务价值,其总价值为 16 亿~54 亿美元/a,平均为 33 亿美元/a
	2007	Troy A 等	采用价值转移法评估了美国马萨诸塞州、毛利岛及加利福尼亚州的生态系统服务价值
	2011	Bai Y 等	采用 integrated valuation of ecosystem services and tradeoffs (InVEST) 模型对中国白洋淀流域生态系统服务价值进行了评估
	2011	Hugues N J 等	评估了刚果盆地生态系统提供的服务功能价值
	2012	De Groot R S 等	依据 TEEB 数据库案例对全球的生态系统服务价值重新进行了评估
	2013	Larondelle N 等	提出了城市生态系统服务价值评估方法,并对柏林、萨尔茨堡、赫尔辛基、斯德哥尔摩等四个城市进行了案例应用
	2014	Comino E 等	采用空间多标准分析方法构建了流域生态系统服务价值评估框架
	2015	谢高地 等	采用当量因子法计算了中国 11 类生态系统服务功能的价值
	2017	Spanò 等	评估了意大利南部巴里市生态系统服务功能的价值
	2019	王彦芳 等	采用当量因子法对河北省生态环境支撑区生态系统服务功能进行了评估
	2019	Tariq A 等	评估了加拿大安大略省南部 6 类生态系统服务功能的价值
单个生态系统服务价值评估	2007	Rönnback P 等	采用模拟市场法对肯尼亚自然红树林生态系统服务功能进行了评价
	2011	Hein L	对荷兰 Hoge Veluwe 森林提供的生态系统服务价值进行了评估
	2013	García-Nieto 等	评估了西班牙内华达山脉森林生态系统提供的服务功能价值
	2014	Petrolia D R 等	采用直接市场法和选择试验法评估了路易斯安那州滨海湿地生态系统服务功能的价值
	2016	Ninan K N 等	评估了印度那格河里国家公园生态系统服务功能价值,发现其产生的生态价值远大于其他土地利用类型的生态价值
	2018	Tamayo N C A 等	评估了菲律宾 15 个地区的珊瑚礁生态系统提供的服务功能价值
	2019	马琼芳 等	采用生态经济学方法结合遥感调查对吉林省湿地生态系统服务价值进行了评估

续表 1-1

研究尺度	年份	研究者	研究结论
生态系统单项服务价值评估	2012	Sander H A 等	采用享乐价值法对明尼苏达州湿地生态系统的文化服务功能价值进行了评估
	2014	Beaumont N J 等	采用生产成本法对英国海滨生态系统提供的固碳功能进行了评估
	2015	Ghermandi A 等	采用意愿调查法和旅行费用法对欧洲海岸带生态系统提供的游憩服务价值进行了评估
	2016	Armagan K 等	评估了多瑙河流域生态系统供水服务功能价值
	2018	高艳妮 等	对厦门市森林生态系统提供的固碳服务价值进行了评估
	2019	彭婉婷 等	采用问卷和访谈结合式制图方法定量评价了上海森林公园生态系统的文化服务价值

1.2.4 水生态系统资产核算

水生态系统是最基础、最重要的一种自然生态系统类型,既提供了人类生存的物质产品,同时维系了自然生态系统结构、功能及生态过程。水生态系统资产核算源于生态系统核算,主要是对水生态系统服务进行评估。

Costanza R 等(1997)在评价全球生态系统服务功能价值时包含了水分调节、水资源供给两项服务的内容。Wilson M A 等(1999)分析总结了美国 1971~1997 年有关淡水生态系统服务价值研究的文献,大多数文献采用了旅行费用法、享乐价值法和条件价值法对河流、湖泊、水库、湿地等水生态系统的娱乐功能进行了评价。MA(2005)是第一个针对水生态系统开展的多尺度、综合性评估项目,主要对湿地水生态系统供给、调节、文化和支持等四大类功能进行了评估。Krishnaswamy J(2006)和 Brauman K A 等(2007)基于流域二元水循环模式,对水文形成过程中的水生态系统服务功能价值的交叉影响因素进行了定量分析,完善了水生态系统服务功能价值评价体系,为推动多元空间尺度的水生态系统服务功能价值评价研究奠定了坚实的基础。Guswa A J 等(2014)采用水文模型分析模拟了与水相关的生态系统服务与流域水资源管理之间的关系。Grizzetti B 等(2016)回顾和分析了水生态系统服务评估现有文献,研究了水生态系统中压力、状态、服务之间的关系,提出了一种基于水资源管理背景下水生态系统服务功能评估方法。Maes J 等(2016)采用 CICES 生态系统服务的分类标准,确定了淡水生态系统和海水生态系统服务功能评估核算指标及所需基础数据。

国内对水生态系统服务研究的代表性人物主要是欧阳志云及赵同谦,他们对我国淡水生态系统服务功能的评估引起了国内学者的广泛关注。纵观国内近 20 年来水生态系统服务相关文献,研究主要集中在以下四个方面:①研究对象主要集中在河流、湖泊、水库、湿地等不同类型,以及流域、区域等不同范围的水生态系统;②核算指标的确定是依据 Contanza R 等及 MA 关于水生态系统服务功能分类成果并结合研究区域水生态系统特点;③近年来,随着RS及GIS技术的日趋成熟,其在水生态系统服务功能评价领域得到了广泛应用;④研究内容主要集中在实物量核算和价值量核算两个方面,反映了某一特定时刻水生态系统服务的存量,但是关于存量的变化情况,以及“存量-流量”的综合核算研究较少。刘彬(2018)对水生态资产负债表进行了尝试性编制,侧重于水生态系统资产负债成因、负债量化方法的研究,但并未涉及水生态系统资产存量变动情况的研究。

1.3 发展动态分析

生态系统是一种高度复杂化的生命支持系统,其组分及生态过程为人类生存和社会发展提供了必要的基础产品和服务。生态系统服务是人类赖以生存和发展的基础,是搭建自然生态系统与人类福祉的桥梁,为人类福祉和经济社会发展提供了重要的支撑。目前,生态系统服务的评估工作虽取得了一定的成就,但研究中还存在一些问题。

1.3.1 生态系统服务概念及其分类不明晰

虽然国内外众多研究者对生态系统服务概念及分类做出了大量的界定,但是其概念未形成统一认识,相应的关于生态系统服务的分类体系也略有不同。这就导致了在实践应用过程中关于生态系统服务的概念及其分类仍然存在着较大的人为主观性,主要体现在对其概念的不充分表述及模糊界定,或是对其分类时互用和混淆生态系统过程与服务,这会导致其评估结果产生漏算或重复计算的可能。

1.3.2 评估方法不统一,评估精度有待提高

生态系统服务评估内容主要是实物量评估及价值量评估。评估方法主要有实物评估法、市场价值理论法、成果参照法等。实物评估法是对生态系统服务功能量进行评估,该方法能够较准确地评估某一地区生态系统提供服务的水平。但是需要采用不同的生物物理指标来表征不同种类的生态系统服务,直接导致了各单项服务的量纲无法统一、无法加和、无法反映生态系统服务的综合价值、无法为地区生态环境管理提供基础数据支撑。市场价值理论法主要对价值量进行货币评估,该方法能够体现生态系统服务的综合经济价值,能够准确评估生态系统服务水平。但是,由于生态系统提供的间接服务并不流通于市场,多采用间接方法对其进行评估,带有很大的主观性和随机性,导致不同研究者的评估结果相差较大,可靠性较差。成果参照法主要对价值量进行评估,参数设置少,评价标准统一,是目前较为常用和被认可的评估方法。但由于该方法忽略了生态系统的空间异质性和经济发展水平差异,套用以往的研究成果,这就使得评估精度较低,评估结果对管理者的指导性较差。综上,鉴于生态系统服务的多样性及复杂性,人类对其价值属性认识的差异性,使得评估方法不统一,评估精度有待提高。

1.3.3 生态系统核算体系尚有研究空间

目前,生态系统核算多停留在生态系统服务概念、分类及价值评估等方面,对生态系统资产存量、流量概念界定,存量的变动情况,以及关于生态系统损益类型、损益规模、损

益程度、损益原因（自然因素或者人类活动影响）和由此带来的生态系统服务供给能力的变化等方面的研究较少，对于将其纳入国民经济核算体系（SNA）和综合环境与经济核算体系（SEEA）中难度较大。

水生态系统是最基础、最重要的一种自然生态系统类型，其为人类生存和社会发展提供必要的物质基础和服务。水生态系统资产核算思路来源于生态系统核算，但由于对生态系统服务定义及评估方法的偏差认识，致使对水生态系统功能的定义及量化方法缺乏明确界定，且目前国内外关于水生态系统资产核算主要集中在实物量和价值量核算方面，对水生态系统资产存量及其变动情况、水生态系统资产负债表的编制研究较少。

近年来，邢台市经济发展迅猛，2000 年生产总值 283.37 亿元，2012 年生产总值达到 1 532.06 亿元，是 2000 年生产总值的 5.4 倍。经济的快速发展在一定程度上依赖于对环境的严重破坏，对自然资源的大量消耗。长期以来，邢台市片面追求经济增长，给区域水环境带来了负面影响，加重了水环境和水生态的负担，加剧了水资源的供需矛盾，制约了经济社会的可持续发展。综上，本书拟选择河北省邢台市作为研究对象，考虑邢台市水生态系统特点，借鉴 SNA 及 SEEA 核算基础理论及方法，结合国家资产负债表编制方法，构建水生态系统资产核算框架，编制邢台市水生态系统资产存量及变动表、邢台市水生态系统资产负债表，以期对后续水生态系统资产核算提供支持。

1.4 研究内容与技术路线

水生态系统是最基础、最重要的一种自然生态系统类型，提供了人类生存的物质产品，同时维系了自然生态系统结构、功能及生态过程。但随着人类开发利用活动的加剧，导致水资源愈加紧缺，水污染严重，水生态环境遭到破坏，使得水生态系统诸多功能逐渐丧失。对水生态系统资产进行核算，有助于人类全面认识水资源，为水资源的高效利用及优化配置提供依据，对水资源的保护及管理意义重大。

本书以国民经济核算体系、综合环境与经济核算框架作为参考，界定水生态系统资产定义及分类，界定水生态系统资产负债，构建核算指标体系。探讨水生态系统各项功能的存量及变动情况，在此基础上，参考国家资产负债表编制框架，对水生态系统资产负债进行核算。通过水生态系统资产存量及变动表、水生态系统资产负债表的编制，构建水生态系统资产“存量-流量”核算框架。主要研究内容如下：

（1）确定水生态系统资产核算研究思路、核算对象及范围。

生态系统资产是生态系统与自然资源资产的结合与统一，是环境资产的拓展和延伸。水生态系统资产是生态系统资产在水生态系统方面的延伸和具体化。基于文献分析方法，梳理国内外关于自然资源核算、水资源核算、生态系统核算、水生态系统资产核算的研究现状，确定研究思路。综合分析 SNA、SEEA 及 EEA（试验性生态系统核算）核算范围及对象，确定水生态系统资产核算范围及对象。

（2）确定水生态系统资产概念及分类。

解析资产的一般概念及属性、生态系统资产的概念及属性，以此确定水生态系统资产概念。归纳总结生态系统资产分类现有研究成果，结合研究区水生态系统特点及数据可获取性，综合确定水生态系统资产分类。

(3)水生态系统资产存量及变动研究。

借鉴SEEA2012自然资源资产账户核算相关理论及方法，确定水生态系统资产存量及变动表核算内容，对水生态系统各功能类型展开分类解析，从表式结构、表内平衡关系式、表内指标数据的获取和计算方法进行详细解析。

(4)水生态系统资产负债研究。

在水生态系统资产存量及变动研究的基础上，依据水生态系统资产的权属性，对水生态系统资产进行权益划分，进而明确不同权利主体的资产、负债及净资产。参考SNA2008及SEEA2012核算基础理论，结合国家资产负债表的编制方法，设计水生态系统资产负债表表式结构，明确核算主体、核算周期、计量单位、记录规则和原则。

(5)水生态系统资产核算案例应用。

选择邢台市作为研究区，应用本书所述水生态系统资产存量及变动表、水生态系统资产负债表的编制理论及方法，收集与之相关的基础数据，编制邢台市水生态系统资产存量及变动表、邢台市水生态系统资产负债表。

本书研究技术路线见图1-3。

1.5 拟解决的关键问题

1.5.1 水生态系统资产核算对象及内容的确定

以SNA2008、SEEA2012为核算理论基础，考虑水生态系统与其他生态系统联系的紧密性和复杂性，以及所依托水资源的可再生性、相对稀缺性和量、质、域的统一性，明确水生态系统资产核算主要对象及核算基本内容。

1.5.2 明确水生态系统资产核算中"存量"和"流量"核算内涵及方法

以SNA2008、SEEA2012和SEEA-EEA2014中"存量-流量"核算内涵与方法为理论基础，明确水生态系统资产核算中存量和流量的概念，细化其核算对象主要分类，建立以实物型和价值型核算方法对"存量"和"流量"进行核算的一般框架。

1.5.3 水生态系统资产存量及变动表的建立

参考会计核算中流量表、SEEA2012环境经济核算中各类经济资源的核算表及水资源资产存量及变动表，构建水生态系统资产存量及变动表，明确该表表式结构、平衡关系、确认基础等。

1.5.4 水生态系统资产负债表的建立

以国家资产负债表为切入点，依据水生态系统资产权属性，将环境作为与经济体并列的虚拟主体引入负债表中，通过构建关于经济体与环境的债权债务关系，建立水生态系统资产负债表框架，并明确水生态系统资产负债表核算要素、平衡关系、记账方式、记录时间等。

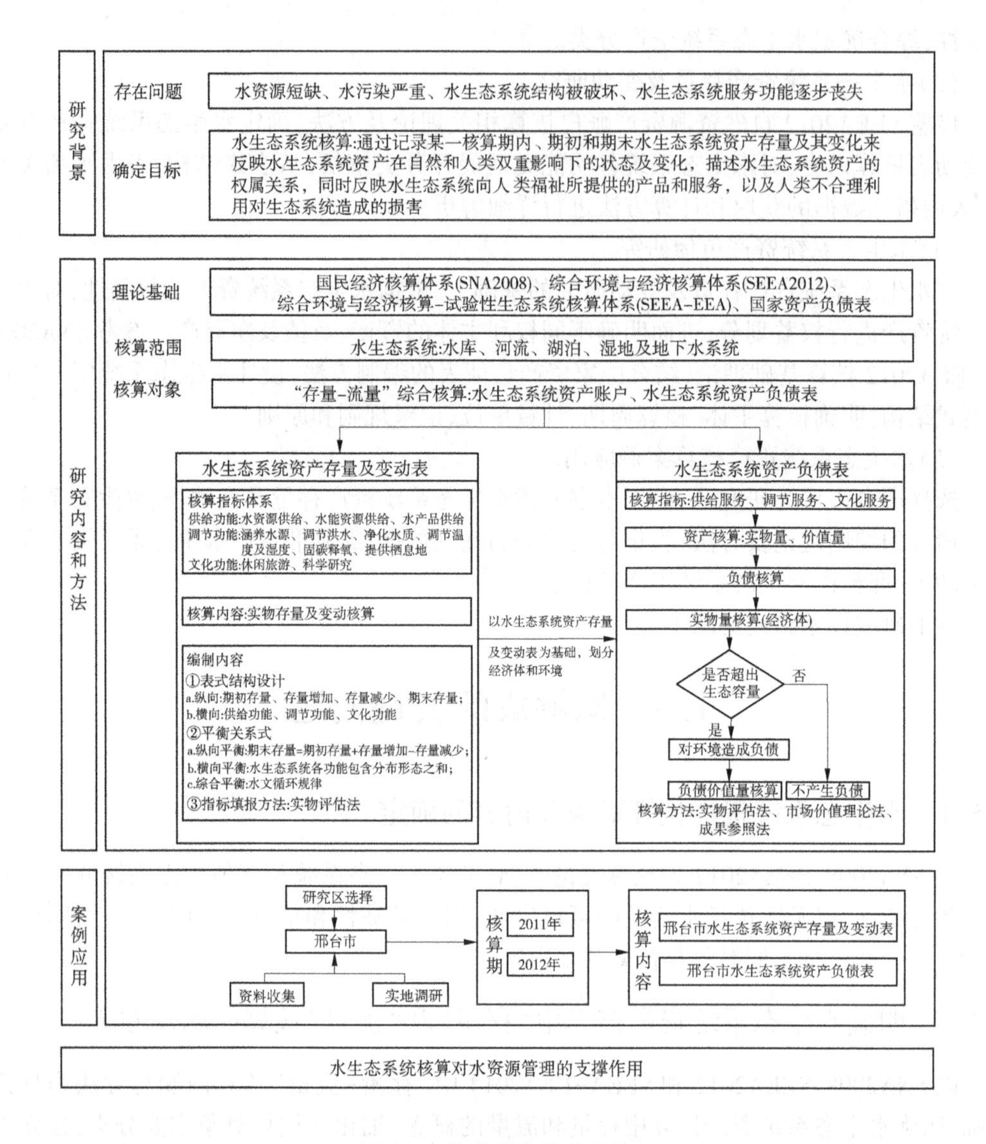

图 1-3　本书研究技术路线

参考文献

[1] Song Malin, Zhu Shuai, Wang Jing, et al. China's natural resources balance sheet from the perspective of government oversight: Based on the analysis of governance and accounting attributes [J]. Journal of Environmental Management, 2019, 248: 1-16.

[2] 王旭，秦书生. 习近平生态文明思想的环境治理现代化视角阐释[J]. 重庆大学学报(社会科学版),2021,27(1):227-237.

[3] De Groot R, Brander L, Sander V D P, et al. Global estimates of the value of ecosystems and their services in monetary units[J]. Ecosystem Services, 2012, 1(1):50-61.

[4] Guerry A D, Polasky S, Lubchenco J, et al. Natural capital and ecosystem services informing decisions:

From promise to practice[J]. Proceedings of the National Academy of Sciences, 2015, 112(24): 7348-7355.

[5] Ehrlich P, Ehrlich A. Extinction: The Causes and Consequences of the Disappearance of Species[M]. New York: Random House, 1981.

[6] Costanza R, D'Arge R, Groot R D, et al. The value of the world's ecosystem services and natural capital [J]. Nature, 1997, 387(6330): 253-260.

[7] Daily G C. Nature's Services: Societal Dependence On Natural Ecosystems[M]. Washington D C: Island Press, 1997.

[8] United Nations. Millennium Ecosystem Assessment Synthesis Report [M]. Washington D C: Island Press, 2005.

[9] TEEB. The Economics of Ecosystems and Biodiversity: Ecological and Economic Foundation [M]. London and Washington: Earthscan, 2010.

[10] UN, OECD. System of Environmental-Economic Accounting 2012: Central Framework [M]. New York: United Nations, 2014.

[11] OCDE,ONU,UE, et al. System of Environmental Economic Accounting 2012: Experimental Ecosystem Accounting[M]. New York: United Nations, 2014.

[12] Claudia C, Rute P, Carlos M J. Use and usefulness of open source spatial databases for the assessment and management of European coastal and marine ecosystem services[J]. Ecological Indicators, 2018, 95: 41-52.

[13] Guo C C, Xu H L. Use of functional distinctness of periphytic ciliates for monitoringwater quality in coastal ecosystems[J]. Ecological Indicators, 2019, 96: 213-218.

[14] Liu J, Wang Y, Yu Z, et al. A comprehensive analysis of blue water scarcity from the production, consumption, and water transfer perspectives[J]. Ecological Indicators, 2017, 72: 870-880.

[15] Manju S, Sagar N. Renewable energy integrated desalination: A sustainable solution to overcome future fresh-water scarcity in India[J]. Renewable and Sustainable Energy Reviews, 2017, 73: 594-609.

[16] Yates D, Purkey D, Sieber J, et al. WEAP21-A demand, priority, and preference-driven water planning model-part 2: Aiding freshwater ecosystem service evaluation[J]. Water International, 2005, 30(4): 501-512.

[17] Flávio H M, Ferreira P, Formigo N, et al. Reconciling agriculture and stream restoration in Europe: a review relating to the EU Water Framework Directive[J]. Science of the total environment, 2017, 596-597: 378-395.

[18] Zhang Y, Chen H, Lu J, et al. Detecting and predicting the topic change of Knowledge-based Systems: a topic-based bibliometric analysis from 1991 to 2016[J]. Knowledge-Based Systems, 2017, 133: 255-268.

[19] Paredes I, Ramírez F G, Forero M, et al. Stable isotopes in helophytes reflect anthropogenic nitrogen pollution in entry streams at the Doñana World Heritage Site[J]. Ecological Indicators, 2019, 97: 130-140.

[20] 欧阳志云, 赵同谦, 王效科, 等. 水生态服务功能分析及其间接价值评价[J]. 生态学报, 2004(10): 2091-2099.

[21] ONU. System of National Accounts 2008[M]. New York: United Nations Publication, 2009.

[22] Hambira W L. Natural resources accounting: A tool for water resources management in Botswana[J]. Physics and Chemistry of the Earth, 2007, 32(15): 1310-1314.

[23] 封志明. 资源科学导论[M]. 北京：科学出版社, 2004.

[24] Rosenthal R W. External economies and cores[J]. Journal of Economic Theory, 1971, 3(2): 182-188.

[25] Nordhaus W D, Tobin J. Is Growth Obsolete [M]. New York: Columbia University Press for NBER, 1972.

[26] 李金昌, 高振刚. 实行资源核算与折旧很有必要[J]. 经济纵横, 1987,(7): 47-54.

[27] Robert R, Magrath W. Waeting Assets: Natural Resources in the National Income Accounts[M]. Washington D C: World Resources Institute, 1989.

[28] Daly H E, Cobb J B. For the Common Good: Redirecting the Economy Toward Community, the Environment and a Sustainable Future[M]. Boston: Beacon Press, 1989.

[29] Kerman M, Peltola T. How does natural resource accounting become powerful in policymaking? A case study of changing calculative frames in local energy policy in Finland[J]. Ecological Economics, 2012, 80: 63-69.

[30] Lehman G. Disclosing New Worlds: A Role for Social and Environmental Accounting and Auditing[J]. Accounting Organizations & Society, 1999, 24(3): 217-241.

[31] 王泽霞, 江乾坤. 自然资源资产负债表编制的国际经验与区域策略研究[J]. 商业会计, 2014(17): 6-10.

[32] Holub H W, Tappeiner G, Tappeiner U. Some remarks on the System of Integrated Environment and Economic Accounting of the United Nations[J]. Ecological Economic, 1999, 29(3): 329-336.

[33] Burritt R L, Saka C. Environmental management accounting applications and eco-efficiency: case studies from Japan[J]. Journal of Cleaner Production, 2006, 14(14):1262-1275.

[34] Edens B, Gravel and C. Experimental valuation of Dutch water resources according to SNA and SEEA [J]. Water Resources & Economics, 2014, 7: 66-81.

[35] Peskin H M, Angeles M S D. Accounting for Environmental Services: Contrasting the SEEA and the ENRAP Approaches[J]. Review of Income and Wealth, 2001, 47(2): 203-219.

[36] UN, EU, FAO, et al. Integrated Environmental and Economic Accounting[M]. New York: United Nations, 2003.

[37] United Nations. Integrated Environmental and Economic Accounting[M]. New York: United Nations Publication, 1993.

[38] Bartelmus P. SEEA-2003: Accounting for sustainable development [J]. Ecological Economics, 2007, 61(4): 613-616.

[39] System of National Accounts, Environment Accounts and Statistics Division, Statistics Canada. Concepts. Sources and Methods of the Canadian System of Environmental and Resource Accounts[M]. Ontario: authority of the Minister responsible for Statistics Canada, 2006.

[40] 管鹤卿, 秦颖, 董战峰. 中国综合环境经济核算的最新进展与趋势[J]. 环境保护科学, 2016, 42(2): 22-28.

[41] 中国水资源环境经济核算研究课题组. 中国水资源环境经济核算研究报告[R]. 北京：水利部规划设计司, 国家统计局国民经济核算司, 2009.

[42] 封志明, 杨艳昭, 李鹏. 从自然资源核算到自然资源资产负债表编制[J]. 中国科学院院刊, 2014, 29(4): 449-456.

[43] 熊玲，万大娟，沈晨，等. 自然资源资产负债表研究进展及框架结构探讨[J]. 农村经济与科技，2016，27(23)：62-64.
[44] 耿建新，王晓琪. 自然资源资产负债表下土地账户编制探索：基于领导干部离任审计的角度[J]. 审计研究，2014(5)：20-25.
[45] 谷树忠. 自然资源资产及其负债表编制与审计[J]. 中国环境管理，2016，8(1)：30-33.
[46] 陈艳利，弓锐，赵红云. 自然资源资产负债表编制：理论基础、关键概念、框架设计[J]. 会计研究，2015(9)：18-26，96.
[47] 胡文龙. 自然资源资产负债表基本理论问题探析[J]. 中国经贸导刊，2014(10)：62-64.
[48] 乔晓楠，崔琳，何一清. 自然资源资产负债表研究：理论基础与编制思路[J]. 中共杭州市委党校学报，2015(2)：73-83.
[49] 耿建新，胡天雨，刘祝君. 我国国家资产负债表与自然资源资产负债表的编制与运用初探：以 SNA2008 和 SEEA2012 为线索的分析[J]. 会计研究，2015(1)：15-24，96.
[50] 杜文鹏，闫慧敏，杨艳昭. 自然资源资产负债表研究进展综述[J]. 资源科学，2018，40(5)：875-887.
[51] 李成宇，张士强，廖显春，等. 自然资源资产负债表的研究进展[J]. 统计与决策，2018，34(15)：37-41.
[52] 闫慧敏，杜文鹏，封志明，等. 自然资源资产负债的界定及其核算思路[J]. 资源科学，2018，40(5)：888-898.
[53] 胡文龙，史丹. 中国自然资源资产负债表框架体系研究：以 SEEA2012、SNA2008 和国家资产负债表为基础的一种思路[J]. 中国人口·资源与环境，2015，25(8)：1-9.
[54] 黄溶冰，赵谦. 自然资源资产负债表编制与审计的探讨[J]. 审计研究，2015，(1)：37-43，83.
[55] 沈镭，钟帅，何利，等. 复式记账下的自然资源核算与资产负债表编制框架研究[J]. 自然资源学报，2018，33(10)：1675-1685.
[56] 封志明，杨艳昭，陈玥. 国家资产负债表研究进展及其对自然资源资产负债表编制的启示[J]. 资源科学，2015，37(9)：1685-1691.
[57] 汪佑德. 我国自然资源资产负债表的定位策略[J]. 统计与决策，2017(12)：52-56.
[58] 焦志倩，王红瑞，许新宜，等. 自然资源资产负债表编制设计及应用 Ⅰ：设计[J]. 自然资源学报，2018，33(10)：1706-1714.
[59] 李金华. 论中国自然资源资产负债表编制的方法[J]. 财经问题研究，2016(7)：3-11.
[60] 薛智超，闫慧敏，杨艳昭，等. 自然资源资产负债表编制中土地资源核算体系设计与实证[J]. 资源科学，2015，37(9)：1725-1731.
[61] 刘馨. 后工业化城市土地资源资产核算路径思考：以上海市为例[J]. 中国土地，2018(5)：31-33.
[62] 李慧霞，张雪梅. 基于 SEEA 框架的矿产资源资产负债表编制研究[J]. 资源与产业，2015，17(5)：60-65.
[63] 季曦，刘洋轩. 矿产资源资产负债表编制技术框架初探[J]. 中国人口·资源与环境，2016，26(3)：100-108.
[64] 张颖，潘静. 中国森林资源资产核算及负债表编制研究：基于森林资源清查数据[J]. 中国地质大学学报(社会科学版)，2016，16(6)：46-53.
[65] 张志涛，戴广翠，郭晔，等. 森林资源资产负债表编制基本框架研究[J]. 资源科学，2018，40(5)：929-935.
[66] 张心灵，刘宇晨. 草原资源资产负债表编制的探究[J]. 会计之友，2016(18)：10-14.

[67] 王振铎，张心灵. 领导干部草原资源资产离任审计内容研究:基于内蒙古自治区审计实践[J]. 审计研究，2017(2)：31-39.
[68] 甘泓，汪林，秦长海，等. 对水资源资产负债表的初步认识[J]. 中国水利，2014(14)：1-7.
[69] 贾玲，甘泓，汪林，等. 论水资源资产负债表的核算思路[J]. 水利学报，2017，48(11)：1324-1333.
[70] 秦长海，甘泓，汪林，等. 实物型水资源资产负债表表式结构设计[J]. 自然资源学报，2017，32(11)：1819-1831.
[71] 闵志慧，鲁新英. 水资源资产负债表的编制探讨[J]. 会计之友，2018(5)：10-14.
[72] 商思争. 海洋自然资源资产负债表编制探微[J]. 财会月刊，2016(20)：32-37.
[73] United Nations Statistics Division. System of Environmental-Economic Accounting for Water[M]. New York：United Nations，2012.
[74] 汪林，秦长海，贾玲，等. 水资源存量及变动表相关技术问题解析[J]. 中国水利，2016(7)：7-10，6.
[75] 卢亚卓，汪林，李良县，等. 水资源价值研究综述[J]. 南水北调与水利科技，2007(4)：50-52，87.
[76] 甘泓，高敏雪. 创建我国水资源环境经济核算体系的基础和思路[J]. 中国水利，2008(17)：1-5.
[77] 陈波. 我国建立通用目的水核算制度研究[D]. 北京：首都经济贸易大学，2016.
[78] 刘亚灵，周申蓓. 水资源账户的建立与应用研究[J]. 人民长江，2017，48(5)：43-47.
[79] 卢琼，张象明，仇亚琴. 水资源核算的水循环机制研究[J]. 水利经济，2010，28(4)：1-4，14，75.
[80] 耿建新，吴潇影. 领导干部离任审计视角的水资源核算考评探析[J]. 中国审计评论，2014(2)：1-13.
[81] 孙萍萍. 实物型水资源资产核算研究[D]. 邯郸：河北工程大学，2017.
[82] 田金平，姜婷婷，施涵，等. 区域水资源资产负债表:北仑区水资源存量及变动表案例研究[J]. 中国人口·资源与环境，2018，28(9)：167-176.
[83] 贾玲，甘泓，汪林，等. 水资源负债刍议[J]. 自然资源学报，2017，32(1)：1-11.
[84] 宋晓谕，陈玥，闫慧敏，等. 水资源资产负债表表式结构初探[J]. 资源科学，2018，40(5)：899-907.
[85] 杨艳昭，陈玥，宋晓谕，等. 湖州市水资源资产负债表编制实践[J]. 资源科学，2018，40(5)：908-918.
[86] 王然，魏娟，王磊. 我国水资源资产负债表的编制研究[J]. 统计与决策，2019，35(5)：27-31.
[87] 欧阳志云，王效科，苗鸿. 中国陆地生态系统服务功能及其生态经济价值的初步研究[J]. 生态学报，1999，19(5)：607-613.
[88] Tansley A G. The Use and Abuse of Vegetational Concepts and Terms[J]. Ecology，1935，16(3)：284-307.
[89] Vogt W. Road to Survival[M]. NewYork：William Sban，1948.
[90] King R T. Wildlife and man[J]. New York conservationist，1966，20(6)：8-11.
[91] Helliwell D R. Valuation of wildlife resources[J]. Regional Studies，1969，3，41-47.
[92] Study of Critical Environmental Problems. Man´s Impact on the Global Environment[M]. Berlin：Springer-Verlag，1970.
[93] Holdren J P，Ehrlich P R. Human population and the global environment[J]. American Scientist，1974，62(3)：282.

[94] Westman W E. How much are nature's services worth [J]. Science, 1977, 197(4307): 960-964.
[95] De Groot R S. Functions of Nature: Evaluation of Naturein Environmental Planning, Management and Decision Making[J]. Ecological Economics, 1992, 14(3): 211-213.
[96] Faucheux S, O'Connor(Eds) M. Valuation for Sustainable Development: Methods and Policy Indicators [M]. Cheltenham: Edward Elgar, 1998.
[97] 谢高地，肖玉，鲁春霞. 生态系统服务研究：进展、局限和基本范式[J]. 植物生态学报，2006(2)：191-199.
[98] Fu B, Zhang L, Xu Z, et al. Ecosystem services in changing land use[J]. Journal of Soils and Sediments, 2015, 15(4): 833-843.
[99] Melathopoulos A P, Cutler G C, Tyedmers P. Where is the value in valuing pollination ecosystem services to agriculture [J]. Ecological Economics, 2015, 109: 59-70.
[100] Delgado L E, Marín V H. Ecosystem services: Where on earth [J]. Ecosystem Services, 2015, 14: 24-26.
[101] European Environment Agency. Towards a Common International Classification of Ecosystem Services (CICES) for Integrated Environmental and Economic Accounting[EB/OL]. (2023-05-02) [2019-5-18]. https://cices.eu/resources.
[102] Pearce D W, Barbier E B, Markandya A, et al. Blueprint for a Green Economy[M]. London: Earthscan, 1989.
[103] Mcneely J A, Miller K R, Reid W V, et al. Conserving the world's biological diversity[M]. Swiss Grande: Prepared and published by the International Union for Conservation of Nature and Natural Resources, 1990.
[104] Turner K. Economics and wetland management[J]. AMBIO A Journal of the Human Environment, 1991, 20(2): 59-61.
[105] Kurz H D, Salvadori N. Classical Economics and the Problem of Exhaustible Resources [J]. Metroeconomica, 2010, 52(3): 282-296.
[106] Li P, Zhou G, Du H, et al. Current and potential carbon stocks in Moso bamboo forests in China [J]. Journal of Environmental Management, 2015, 156: 89-96.
[107] Mumme S, Jochum M, Brose U, et al. Functional diversity and stability of litter-invertebrate communities following land-use change in Sumatra, Indonesia [J]. Biological Conservation, 2015, 191: 750-758.
[108] Boreux V, Krishnan S, Cheppudira K G, et al. Impact of forest fragments on bee visits and fruit set in rain-fed and irrigated coffee agro-forests[J]. Agriculture, Ecosystems & Environment, 2013, 172: 42-48.
[109] Bagstad K J, Semmens D J, Waage S, et al. A comparative assessment of decision-support tools for ecosystem services quantification and valuation[J]. Ecosystem Services, 2013, 5: 27-39.
[110] Shoyama K, Kamiyama C, Morimoto J, et al. A review of modeling approaches for ecosystem services assessment in the Asian region[J]. Ecosystem Services, 2017, 26(PB): 316-328.
[111] Bai Y, Zhuang C, Ouyang Z, et al. Spatial characteristics between biodiversity and ecosystem services in a human-dominated watershed[J]. Ecological Complexity, 2011, 8(2): 177-183.
[112] Singh R, Garg K K, Wani S P, et al. Impact of water management interventions on hydrology and ecosystem services in Garhkundar-Dabar watershed of Bundelkhand region, Central India [J]. Journal

of Hydrology, 2014, 509: 132-149.

[113] Vollmer D, Pribadi D O, Remondi F, et al. Prioritizing ecosystem services in rapidly urbanizing river basins: A spatial multi-criteria analytic approach [J]. Sustainable Cities and Society, 2016, 20: 237-252.

[114] Goldstein J H, Caldarone G, Duarte T K, et al. Integrating ecosystem-service tradeoffs into land-use decisions[J]. Proceedings of the National Academy of Sciences, 2012, 109(19): 7565-7570.

[115] Bateman I J, Mace G M, Fezzi C, et al. Economic Analysis for Ecosystem Service Assessments[J]. Environmental & Resource Economics, 2011, 48(2): 177-218.

[116] Naranjo S E, Ellsworth P C, Frisvold G B. Economic Value of Biological Control in Integrated Pest Management of Managed Plant Systems[J]. Annual Review of Entomology, 2015, 60(1): 621-645.

[117] Sutton P C, Anderson S J. Holistic valuation of urban ecosystem services in New York City's Central Park[J]. Ecosystem Services, 2016, 19: 87-91.

[118] 谢高地，张彩霞，张昌顺，等. 中国生态系统服务的价值[J]. 资源科学，2015，37(9)：1740-1746.

[119] Troy A, Wilson M A. Mapping ecosystem services: Practical challenges and opportunities in linking GIS and value transfer[J]. Ecological Economics, 2007, 60(2): 435-449.

[120] Hugues N J. The Economic Value of Congo Basin Protected Areas Goods and Services[J]. Journal of Sustainable Development, 2011, 4(1): 130-142.

[121] Larondelle N, Haase D. Urban ecosystem services assessment along a rural-urban gradient: A cross-analysis of European cities[J]. Ecological Indicators, 2013, 29: 179-190.

[122] Comino E, Bottero M, Pomarico S, et al. Exploring the environmental value of ecosystem services for a river basin through a spatial multicriteria analysis[J]. Land Use Policy, 2014, 36(1): 381-395.

[123] Spanò, Marinella, Leronni V, et al. Are ecosystem service hotspots located in protected areas? Results from a study in Southern Italy[J]. Environmental Science & Policy, 2017, 73: 52-60.

[124] 王彦芳，刘敏，郭英，等. 河北省生态环境支撑区生态系统服务价值评估[J]. 水土保持通报，2019，39(2)：309-316.

[125] Tariq A, Philippe V C. Comparative valuation of potential and realized ecosystem services in Southern Ontario, Canada[J]. Environmental Science and Policy, 2019, 100: 105-112.

[126] Rönnback P, Crona B, Ingwall L. The return of ecosystem goods and services in replanted mangrove forests: perspectives from local communities in Kenya[J]. Environmental Conservation, 2007, 34(4): 313-324.

[127] Hein L. Economic Benefits Generated by Protected Areas: the Case of the Hoge Veluwe Forest, the Netherlands[J]. Ecology & Society, 2011, 16(2): 85-99.

[128] García-Nieto, Ana P, García-Llorente, et al. Mapping forest ecosystem services: From providing units to beneficiaries[J]. Ecosystem Services, 2013, 4: 126-138.

[129] Petrolia D R, Interis M G, Hwang J. America's Wetland? A National Survey of Willingness to Pay for Restoration of Louisiana's Coastal Wetlands[J]. Marine Resource Economics, 2014, 29(1): 17-37.

[130] Ninan K N, Kontoleon A. Valuing forest ecosystem services and disservices-Case study of a protected area in India[J]. Ecosystem Services, 2016, 20: 1-14.

[131] Tamayo N C A, Anticamara J A, Acosta-Michlik L. National Estimates of Values of Philippine Reefs' Ecosystem Services[J]. Ecological Economics, 2018, 146: 633-644.

[132] 马琼芳, 燕红, 李伟, 等. 吉林省湿地生态系统服务价值评估[J]. 水利经济, 2019, 37(3): 67-71, 77, 84, 88.

[133] Sander H A, Haight R G. Estimating the economic value of cultural ecosystem services in an urbanizing area using hedonic pricing [J]. Journal of Environmental Management, 2012, 113: 194-205.

[134] Ghermandi A. Benefits of coastal recreation in Europe: Identifying trade-offs and priority regions for sustainable management[J]. Journal of Environmental Management, 2015, 152: 218-229.

[135] Beaumont N J, Jones L, Garbutt A, et al. The value of carbon sequestration and storage in coastal habitats[J]. Estuarine, Coastal and Shelf Science, 2014, 137: 32-40.

[136] Armagan K, Benis N E, Denis L, et al. Mapping water provisioning services to support the ecosystem-water-food-energy nexus in the Danube river basin[J]. Ecosystem Services, 2016, 17: 278-292.

[137] 高艳妮, 王维, 刘鑫, 等. 厦门市森林生态系统固碳服务评估[J]. 环境科学研究, 2019, 32(12): 2001-2007.

[138] 彭婉婷, 刘文倩, 蔡文博, 等. 基于参与式制图的城市保护地生态系统文化服务价值评价:以上海共青森林公园为例[J]. 应用生态学报, 2019, 30(2): 439-448.

[139] Wilson M A, Carpenter S R. Economic Valuation of Freshwater Ecosystem Services in the United States: 1971—1997[J]. Ecological Applications, 1999, 9(3): 772.

[140] Krishnaswamy J, Lele S, Jayakumar R. Hydrology and watershed services in the Western Ghats of India [M]. New Delhi: Tata McGraw-Hill, 2006.

[141] Brauman K A, Daily G C, T Ka′eo D, et al. The Nature and Value of Ecosystem Services: An Overview Highlighting Hydrologic Services[J]. Annual Review of Environment and Resources, 2007, 32(1): 67-98.

[142] Guswa A J, Brauman K A, Brown C, et al. Ecosystem services: Challenges and opportunities for hydrologic modeling to support decision making[J]. Water Resources Research, 2014, 50(5): 4535-4544.

[143] Grizzetti B, Lanzanova D, Liquete C, et al. Assessing water ecosystem services for water resource management[J]. Environmental Science & Policy, 2016, 61: 194-203.

[144] Maes J, Liquete C, Teller A, et al. An indicator framework for assessing ecosystem services in support of the EU Biodiversity Strategy to 2020[J]. Ecosystem Services, 2016, 17: 14-23.

[145] José A Aznar-Sáncheza, Juan F Velasco-Muñoza, Luis J Belmonte-Ureñaa, et al. The worldwide research trends on water ecosystem services[J]. Ecological Indicators, 2019, 99:310-323.

[146] 赵同谦, 欧阳志云, 王效科, 等. 中国陆地地表水生态系统服务功能及其生态经济价值评价[J]. 自然资源学报, 2003(4): 443-452.

[147] Zhong S, Geng Y, Qian Y, et al. Analyzing ecosystem services of freshwater lakes and their driving forces: the case of Erhai Lake, China[J]. Environmental Science and Pollution Research, 2019, 26: 10219-10229.

[148] 张亮, 吴泽宁, 郭兵托, 等. 北运河水生态系统服务功能价值评估[J]. 灌溉排水学报, 2011, 30(3): 121-123.

[149] 张振明, 刘俊国, 申碧峰, 等. 永定河(北京段)河流生态系统服务价值评估[J]. 环境科学学报, 2011, 31(9): 1851-1857.

[150] 刘畅, 刘耕源, 杨青. 水坝建设对河流生态系统服务价值影响评估[J]. 人民黄河, 2019, 41

(8)：88-94.

[151] 张修峰，刘正文，谢贻发，等. 城市湖泊退化过程中水生态系统服务功能价值演变评估：以肇庆仙女湖为例[J]. 生态学报，2007(6)：2349-2354.

[152] 曹生奎，曹广超，陈克龙，等. 青海湖湖泊水生态系统服务功能的使用价值评估[J]. 生态经济，2013(9)：163-167，180.

[153] 汪仁. 湘江长沙综合枢纽库区水生态系统服务功能价值评价[D]. 长沙：湖南师范大学，2017.

[154] 李月臣，刘春霞，闵婕，等. 三峡库区生态系统服务功能重要性评价[J]. 生态学报，2013，33(1)：168-178.

[155] 王大尚，李屹峰，郑华，等. 密云水库上游流域生态系统服务功能空间特征及其与居民福祉的关系[J]. 生态学报，2014，34(1)：70-81.

[156] 辛琨，肖笃宁. 盘锦地区湿地生态系统服务功能价值估算[J]. 生态学报，2002(8)：1345-1349.

[157] 刘逸彬. 张掖市黑河湿地生态系统服务功能评价与可持续发展[D]. 兰州：兰州大学，2017.

[158] 周文昌，史玉虎，潘磊，等. 2017 年武汉东湖湿地生态系统最终服务价值评估[J]. 湿地科学，2019，17(3)：318-323.

[159] Lin W P, Xu D, Guo P P, et al. Exploring variations of ecosystem service value in Hangzhou Bay Wetland, Eastern China[J]. Ecosystem Services, 2019, 37: 1-9.

[160] 杨青，刘耕源. 湿地生态系统服务价值能值评估：以珠江三角洲城市群为例[J]. 环境科学学报，2018，38(11)：4527-4538.

[161] 张彪，史芸婷，李庆旭，等. 北京湿地生态系统重要服务功能及其价值评估[J]. 自然资源学报，2017，32(8)：1311-1324.

[162] 程敏，张丽云，崔丽娟，等. 滨海湿地生态系统服务及其价值评估研究进展[J]. 生态学报，2016，36(23)：7509-7518.

[163] 刘海，殷杰，林苗，等. 基于GIS的鄱阳湖流域生态系统服务价值结构变化研究[J]. 生态学报，2017，37(8)：2575-2587.

[164] 李景保，常疆，李杨，等. 洞庭湖流域水生态系统服务功能经济价值研究[J]. 热带地理，2007(4)：311-316.

[165] 郝彩莲，尹军，张诚，等. 承德武烈河流域水生态系统服务功能经济价值研究[J]. 南水北调与水利科技，2011，9(4)：91-95.

[166] 梁静静，窦明，夏军，等. 淮河流域水生态服务功能类型研究[J]. 中国水利，2010(19)：11-14.

[167] 邓灵稚，杨振华，苏维词. 城市化背景下重庆市水生态系统服务价值评估及其影响因子分析[J]. 水土保持研究，2019，26(4)：208-216.

[168] 张诚，曹加杰，王凌河，等. 城市水生态系统服务功能与建设的若干思考[J]. 水利水电技术，2010，41(7)：9-13.

[169] 梁鸿，潘晓峰，余欣繁，等. 深圳市水生态系统服务功能价值评估[J]. 自然资源学报，2016，31(9)：1474-1487.

[170] 严春军. 上海水生态系统服务功能价值评估及其动态变化[J]. 人民长江，2013，44(20)：80-84.

[171] 刘彬. 水生态资产负债表编制研究[D]. 北京：中国水利水电科学研究院，2018.

[172] 刘彬，甘泓，贾玲，等. 基于生态系统服务的水生态资产负债表研究[J]. 环境保护，2018，46(14)：18-23.

[173] 闫志宏，王树谦，刘彬，等. 邢台市水生态系统服务评估[J]. 水电能源学，2020，38(3)：62-65，

53.
[174] Wallace K J. Classification of ecosystem services: Problems and solutions[J]. Biological Conservation, 2007, 139:235-246.
[175] Fu B J, Su C H, Wei Y P, et al. Double counting in ecosystem services valuation: causes and countermeasures[J]. Ecological Research, 2011, 26(1): 1-14.
[176] 邢路. 城市化对生态系统服务价值的时空异质影响与生态可持续评估研究[D]. 武汉: 华中科技大学, 2018.
[177] Costanza R, De Groot R, Braat L, et al. Twenty years of ecosystem services: How far have we come and how far do we still need to go[J]. Ecosystem Services, 2017, 28: 1-16.
[178] Cao S, Lv Y, Zheng H, et al. Challenges facing China's unbalanced urbanization strategy[J]. Land Use Policy, 2014, 39: 412-415.

第2章 水生态系统资产核算框架体系

水生态系统资产核算是生态系统资产核算在水资源方向的具体应用。水生态系统资产核算应在遵循国民账户体系核算理念、规则和原则的基础上,结合环境经济核算体系核算概念和结构,通过构建水生态系统资产存量及变动表和水生态系统资产负债表来反映水生态系统资产存量和流量之间的关系。

2.1 核算范围及对象

2.1.1 SNA 核算范围及对象

SNA 是一套基于经济学原理和理论的对人类社会经济活动进行全面测量的技术标准体系。其详细而全面地记录了一个经济体内发生的复杂经济活动,以及和经济体之间的相互关系,为经济分析及决策和政策制定提供决策支持。SNA 最初版本完成于 1953 年,被称为国民账户体系及支持表,此后陆续又发布了 SNA1968、SNA1993 和 SNA2008 三个版本,核算体系日臻完善。国民账户体系核算的核心是在整个国民经济层面记录经济活动相关存量和经济资产存量变化,重点是记录与生产、消费和积累有关的流量及经济资产存量,旨在组织和提供机构单位间的交易和其他流量(包括不同地区的机构单位间的流量)以及经济单位所拥有和使用的经济资产存量的信息。从根本上说,国民账户体系的目标是记录经济流量和存量。经济流量是一套与一定时期内各类经济活动有联系的、相互关联的流量账户序列,而存量是一定时期期初、期末资产和负债存量价值,由资产负债表进行反映。流量账户和资产负债表之间具有密切的联系,一定时期内造成机构单位和部门持有资产或负债的变化会被系统地记录在流量账户中。

SNA 通过确认经济体中的不同机构单位,针对货物和服务在生产和最终消费过程中从一个阶段到另一个阶段的相关交易来构造账户,由此对相关经济流量予以识别。账户序列只针对经济领域内的常住单位进行编制。

与反映经济流量的账户不同,SNA 资产负债表反映的是在一个特定时点上,由一个单位或部门或经济总体所持有的资产和负债的存量。资产负债表由资产和负债项构成。资产被限于拥有经济价值的那些资产,分为金融资产和非金融资产,其中非金融资产又细分为非金融生产资产和非金融非生产资产。那些没有经济价值的环境资产不在 SNA 的核算范围之内,该部分资产的核算由其卫星账户 SEEA 来补充完善。

2.1.2 SEEA 核算范围及对象

SEEA 是在遵循 SNA 的一般核算思路、核算原则和核算框架的基础上,描述经济体与环境之间的相互关系,以及环境资产存量及其变化情况的一套综合核算体系,是对 SNA

的拓展。SEEA最初只是作为一个临时指导手册由联合国于1993年出版,随着相关概念和方法讨论的日趋一致,又相继出版了SEEA2003和最新版本SEEA2012。SEEA2012核算框架重点是分析环境及其与经济的相互关系,并侧重从实物和价值两方面计量存量和流量,核算框架主要由经济体内部及与环境间的实物流量、环境资产存量及其变化、与环境相关的经济活动和交易三方面计量构成,相对应的是实物型供应使用表、环境资产账户和功能账户。SEEA2012核算的环境资源范围包括矿产和能源资源、土地资源、土壤资源、木材资源、水生资源、其他生物资源和水资源共7类自然资源。

实物型供应使用表主要用于流量的统计计量,即通过计量实物的方式展现经济体内部,以及进入和流出经济体的物质和能量流量。环境进入经济体的流量称为自然投入,经济体内的流量作为产品,经济体流出进入环境的流量计为残余物。实物型供应使用表是国民经济统计中价值供应使用表的扩展,其基本表式由供应表和使用表联合组成,并分别针对自然投入、产品和残余物,核算行业、住户、积累、世界其他地区和环境的流量关系。实物型供应使用表依据物质和能量守恒定律,遵循供应-使用恒等和投入-产出恒等。

环境资产账户是针对环境存量设计的一系列表格,记录核算期内期初和期末环境资产的增加、减少和变化,通过该账户评估当前经济活动模式对环境资产的影响。SEEA2012环境资产范围要比SNA资产范围更广泛,不仅涵盖了SNA所限定的有经济价值环境资产,而且一些无经济价值环境资产也包括在内,如为经济活动提供所用资源和空间的经济领土上的所有土地,其均包含在环境资产中而不考虑其价值。

2.1.3　生态系统核算范围及对象

生态系统核算是SNA和SEEA的延伸和扩展。SNA和SEEA分别从经济视角对经济存量和流量,以及环境和经济之间有关的存量和流量进行核算。SNA重点记录经济体为人类福祉提供的产品和服务(见图2-1中的B),人类福祉从生态系统直接获得的产品和服务,SNA不予核算,它没有对环境存量和流量提供一个明确或全面的核算;而SEEA更侧重于经济与环境之间的物质和能源实物流量及相应产生的环境资产存量和变化(见图2-1中的A、D和E),它只针对单一自然资源进行核算,没有将环境资产作为一个系统予以考虑,在核算中缺失了自然环境的调节服务和支持服务。因此,SNA和SEEA并不能完全反映人类社会与我们生活的环境之间的重要关系。基于这样一个事实,生态系统核算应运而生。生态系统核算是通过衡量生态系统及其流入经济和其他人类活动的服务流量来评价环境影响的一种连贯和综合的方法。该核算体系主要针对生态系统资产(存量)和生态系统服务(流量)进行统计,突出从系统角度对自然环境及其对经济体和人类福祉所提供的产品和服务进行核算(见图2-1中的A、C、D和E)。生态系统核算是对SNA和SEEA的拓展和补充,其在遵循SNA和SEEA核算核心理念和方法的基础上,以整个自然生态系统为出发点,将物质和能量核算扩展到产品和服务核算。

2.1.4　水生态系统资产核算范围及对象

2.1.4.1　核算范围

水生态系统是生态系统的重要组成部分,也是其他生态系统出现、发展和消亡的重要支撑和决定力量。生态系统分为陆地生态系统及水生生态系统，其中与水生态系统相关的水库、河流、湖泊和湿地归入水生生态系统中的淡水生态系统，但并不包括地下水系统。地下水系统包括浅层地下水系统和深层地下水系统，通过天然补给、径流、排泄自然过程或通过人工提供、用、耗、排用水过程参与到生态系统物质循环和能量流动过程中，为生态系统或水生态系统提供物质和能量的载体。因此，本书水生态系统资产核算将浅层地下水系统和深层地下水系统均纳入核算范围。水生态系统资产核算范围示意图见图 2-2。

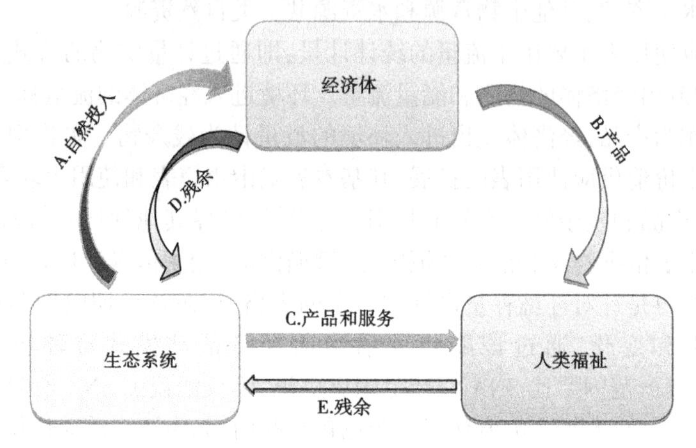

图 2-1　生态系统-经济体-人类福祉相关关系

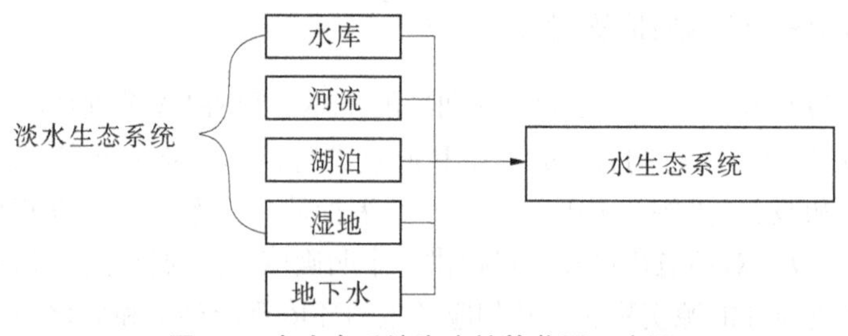

图 2-2　水生态系统资产核算范围示意图

2.1.4.2　核算对象

水生态系统资产核算遵循生态系统核算架构，主要针对水生态系统“存量-流量”进行核算。其中，水生态系统存量指水生态系统资产，反映了水生态系统提供产品和服务的能力，通过存量及其变化的统计核算可以清楚地认识水生态系统状态的变化和其未来提供“流量”能力的改变。水生态系统流量由水生态系统功能和生态过程产生，它表示水生态系统向人类福祉和其他生态系统提供的产品和服务。水生态系统与其他生态系统间的物质和能量交换错综复杂，其间所涉及的流量暂时还无法准确衡量，本书不予考虑。本书中流量仅指水生态系统与人类经济社会所发生的相互流量关系。该流量不仅包括水生态系统向人类经济社会提供的正向输入，还包括人类经济社会活动向水生态系统的反向输出。水生态系统资产核算对象示意图见图 2-3。

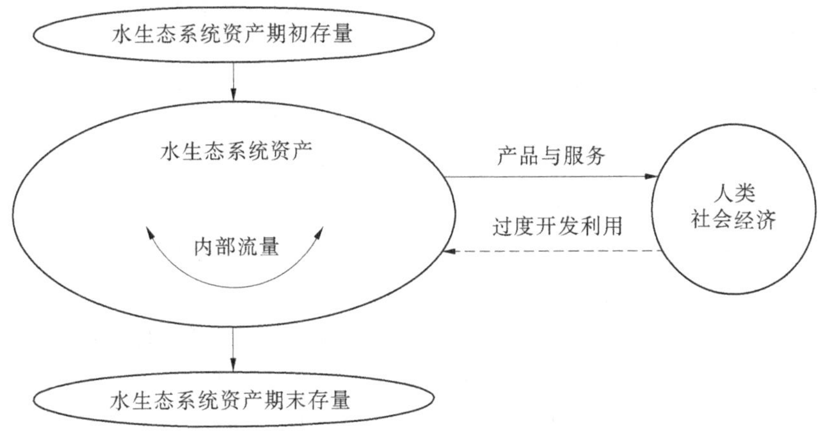

图 2-3　水生态系统资产核算对象示意图

2.2　水生态系统资产

2.2.1　资产的一般概念及属性

资产最早作为一个经济术语，首先用于企业会计核算。资产是企业拥有的任何资源。任何可以拥有或控制以产生价值，并由公司持有以产生经济价值的有形或无形资产都是资产。资产可以分为有形资产和无形资产：有形资产包括流动资产和固定资产，流动资产包括存货，固定资产包括建筑物、设备等；无形资产是对企业有价值的非物质资源和权利，因为它们使企业在市场上具有某种优势。无形资产包括商誉、版权、商标、专利和计算机程序，以及金融资产，如应收账款、债券和股票等。在财务会计中，资产是企业由于过去事项所获得的可控制的资源导致未来的经济利益将流入企业，它是过去事件或事务的结果。该定义体现了会计核算中资产所具有的可控制、未来收益性的属性。

伴随着经济社会的快速发展和经济活动的日趋复杂，资产所赋予的内容也日益丰富。经济学、统计学和管理学等均从各自学科特点出发，赋予了资产不同的概念和内涵。经济学强调资产的稀缺性并由此为个人或企业带来未来收益，突出了资产的稀缺性、未来收益性；统计学中明确资产是一种价值储备，代表经济所有者在一定时期内通过持有或使用某实体所产生的一次性或连续性经济利益，是价值从一个核算期向另一个核算期结转的载体，体现了资产的有权属、收益性；管理学认为资产是由过去事项产生的，通过直接或间接拥有或控制，从而获得经济价值的经济资源，强调了资产的可拥有或控制、收益性属性。结合经济学、统计学、管理学等不同学科对资产的定义及其内涵，归纳出资源所能成为资产应具备稀缺性、有权属和收益性三大基本特征。

2.2.2　生态系统资产

生态系统资产是生态系统与自然资源资产的结合与统一，是环境资产的拓展和延伸。人类对生态系统的利用首先集中于自然界所提供的自然资源，该自然资源一般指在一定时间和技术条件下,可以产生经济效益,并可以提高人类福祉的自然环境因素的总称,由于其相对的稀缺性及可以为其所有者带来巨大的现实收益和未来收益,自然资源作为资产的重要组成部分被国民经济核算 SNA2008 纳入非金融非生产性资产中。环境资产是地球上自然发生的并可为人类带来好处的生物和非生物组成的生物物理环境。SEEA2012 从单一环境资产的角度,实际为自然资源资产范畴,对包括水资源、矿产和能源资源、土壤资源等 7 类自然资源设置了资产账户,对其存量和流量进行了核算。从自然资源资产和环境资产的概念及核算过程可以看出,这两种资产从内涵上均遵循了资产的一般基本特征,即稀缺性、有权属和收益性。

生态系统资产起初只是被认为自然界可用于人类社会活动的自然资源资产,后被赋予了人类社会从自然界所获得的产品和服务或经济收益这一理念。这两种观点既缺少从自然资源系统角度对生态系统资产的概括,也缺少如何清楚地反映生态系统资产代表了生态产品和服务的生产能力这一重要特征。尽管胡聃(2004)认为生态系统资产是人与环境相互作用构成的生态实体,其在未来可以提供生态产品和服务,但该定义仍然没有明确阐明生态系统资产的一般属性。SEEA-EEA2012 试验性地对生态系统资产进行核算时,将生态系统资产定义为由生物和非生物要素,以及其他元素相互作用而形成的空间区域。该空间区域表示生态系统资产即存量,其所产生的产品与服务为流量,明确了生态系统资产与生态系统服务即存量与流量的相互关系。但由于表征生态系统资产存量的空间区域内部的复杂性,简单由空间区域条件和范围来表征生态系统资产不能清晰说明生态系统资产的生产能力,无法与所提供的流量进行对比分析。因此,本书遵循资产的一般属性,考虑生态系统的整体性,将生态系统资产定义为通过拥有特定范围内生物和非生物要素,以及其他元素的相互作用而获得的可提供所有产品和服务的功能总和。

2.2.3 水生态系统资产的定义

水生态系统资产是生态系统资产在水生态系统方面的延伸和具体化。水生态系统资产的定义应以生态系统资产概念为基础,并结合水资源的可再生性、随机性和流动性的特点,遵循资产的稀缺性、有权属和收益性等属性,体现水生态系统维持自然环境条件与效用的功能,以及为人类经济社会提供服务与产品的属性。水生态系统资产可定义为:所有者通过拥有特定水生态系统而获得的所有产品和服务的功能总和。该功能既包括水生态系统向人类经济社会提供的产品和服务,同时包括水生态系统内部及水生态系统与其他生态系统之间所交换的产品及服务。

2.2.4 水生态系统资产分类

水生态系统资产核算首先需要将水生态系统结构和过程的复杂性转换为有限的水生态系统功能指标,并通过对该类指标的计算完成水生态系统资产的核算,即存量的核算,继而核算水生态系统向人类提供的产品和服务,完成对流量的核算。

2.2.4.1 生态系统功能分类

在生态学中,生态系统功能产生了多种多样甚至是自相矛盾的概念,其类型划分仍无统一标准。生态系统功能是自然过程和要素提供可直接或间接满足人类需要的产品和服务的能力。De Groot R S(1992)将生态系统功能划分为调节、生境、产品和信息等功能,并细分了23类功能。Costanza R(1997)在核算全球生态系统时,认为生态系统功能与生态系统服务间并不是一一对应的关系,生态系统功能是生态系统服务产生的基础和根本条件,将生态系统功能和生态系统服务均细化为17类。MA2005作为生态系统评估体系里程碑式的成果,也只针对生态系统服务进行了划分,将其细化为4大类28小类。此后众多研究及文献均将重点集中到生态系统服务研究,产生了众多服务分类划分方法及标准。

2.2.4.2　水生态系统功能分类

与生态系统评估研究相同步,大量学者也对水生态系统评估进行了讨论,对水生态系统的研究重点为水生态系统服务方向。MA2005在生态系统服务4大分类的基础上,对涉水服务细分为淡水、气候调节、休闲娱乐等18小类。Brauman K A等基于水文生态系统服务的概念,以河道外取水、河道内取水、减轻水害、水文化服务和水支持服务共5类划分水生态系统服务。但随着生态系统服务研究的深入,将支持服务单列会产生重复计算问题,TEEB2010和MAES2016均将水生态系统服务划分为供给、调节和文化等3类服务,支持服务被认为已在其他3类服务中有所体现,不再单独列计。在水生态系统功能上的研究成果较少,而赵同谦(2003)和欧阳志云(2004)对此做出了重要贡献。赵同谦将水生态系统功能划分为直接使用价值和间接使用价值,并进一步细分为供水、娱乐休闲、水质净化、水土保持、固碳等12个小类。欧阳志云在生态系统服务分类的基础上,将水生态系统功能划分为提供产品、调节功能、文化功能和支持功能4大类,并进一步细化为25小类,见表2-1。

表2-1　欧阳志云水生态系统功能分类成果

提供产品功能	调节功能	文化功能	支持功能
水产品	水文调节	文化多样性	土壤形成与保持
生活生产供水	河流输送	教育价值	光合产氧
水力发电	水资源蓄积与调节	灵感启发	氮循环
内陆航运	侵蚀控制	美学	水循环
基因资源	水质净化	文化遗产	初级生产力
	空气净化	娱乐	提供生境
	气候调节	生态旅游	

参考De Groot R S(1992)对生态系统功能的定义,并结合CICES5.1(2018)生态系统服务分类标准及邢台市水生态系统特点,将水生态系统功能划分为3大类11亚类,以此建立水生态系统资产核算指标体系。水生态系统功能主要包括供给功能、调节功能及文化功能等3大类,支持功能作为支撑水生态系统内部和与其他生态系统相互作用不予考虑。供给功能包括水资源供给、水能资源供给、水产品供给3亚类;调节功能包括水源涵养、洪水调节、水质净化、气候调节、固碳释氧、提供栖息地6亚类;文化功能包括休闲旅游及科学研究2亚类。水生态系统功能分类指标体系见表2-2。

表 2-2　水生态系统功能分类指标体系

大类	亚类	内涵
供给功能	水资源供给	水生态系统提供的水资源量
	水能资源供给	水生态系统可提供的水能资源数量
	水产品供给	水生态系统提供的水产品
调节功能	水源涵养	水库、湖泊、湿地等通过存贮水资源以实现对径流的调节及补充地下水资源的作用
	洪水调节	流域内水库、湖泊、湿地对洪水的调节
	水质净化	水体降解污染物的能力
	气候调节	水体通过水汽蒸发过程增加空气湿度和降低温度的作用
	固碳释氧	水体中藻类及水生植物利用叶绿素进行光合作用,固定碳素释放氧气的功能
	提供栖息地	水生态系统为动植物提供繁衍及庇护场所
文化功能	休闲旅游	水利景观为人类提供休闲、娱乐及旅游的功能
	科学研究	为科研院所提供科学研究试验基地

2.3　水生态系统资产负债

2.3.1　负债的一般概念

负债作为一个经济指标首先被用于企业财务会计中,体现了企业在生产经营过程中,由于过去的交易或活动而引起的将经济利益流出企业的现时义务,反映了企业财务的总体状况。企业负债涉及债权人和债务人两方,债权人和债务人均为企业,表明了负债中的债权债务关系。随着国民经济统计的兴起及国家调控逐步得到重视,负债被引入国民经济核算中,用于确定国家债务状况。SNA2008 将负债定义为一个机构单位在特定条件下有义务向另一机构单位提供的一次性支付或连续性支付。在 SNA2008 中,包括自然资源在内的非金融资产不存在负债,负债一词仅指金融资产负债。而伴随着人类对自然资源和自然环境的过度开采及利用,自然资源和自然环境产生枯竭和退化,明显反映出负债的基本特征,大量学者根据各自所研究的领域特点,以所关注的自然资源为对象,明确了自然资源与环境的负债为超过允许开采使用量即产生负债,体现了人类经济体与自然环境之间的债权债务关系。从企业负债、国家金融负债、自然资源负债来看,均涉及债权方和债务方,则负债的根本属性即为存在债权方和债务方,以此体现不同核算对象所构成的债权债务关系。

2.3.2　水生态系统资产负债

遵循负债的一般属性,并结合水生态系统的具体实践,通过引入环境作为一个虚拟主体,并设定负债发生临界点,可以明确水生态系统资产负债的债权方和债务方,构建关于水生态系统资产负债的债权债务关系。水生态系统资产负债可定义为由于人类经济体对水生态系统的过度利用而造成的水生态系统的退化或不可恢复,债权方为环境体,债务方为人类经济体,过度利用量即为负债量,可通过实物量和价值量分别予以核算。负债核算应该把超过生态容量的人类开发利用活动记为“损失”,作为“负债项”来处理,而不应该把生态容量或生态红线范围内的人类开发利用活动作为“负债项”来处理,因为人类开发利用活动消耗已转化为对人类提供的福祉,不涉及负债。

2.4　框架体系

水生态系统资产核算是在遵循 SNA、SEEA 和 SEEA/EEA 的核算思路基础上,通过建立水生态系统资产存量及变动表和水生态系统资产负债表等账户,体现“存量-流量”这一核算框架的。

2.4.1　存量

存量是指在某一特定时刻的资产总量,可以实物量或价值量予以体现。存量最先在经济领域中所使用,表示企业为生产过程即货物和服务生产所能提供的各类资本的总和,反映了企业生产和非生产资产的状况,体现了企业现有生产经营规模和技术水平。SEEA 在经济资产存量的基础上,将存量概念扩大到更广泛的环境领域,将环境资产存量和流量视为一个整体。环境资产不仅包括为所有经济活动提供物质和空间的各项环境组成成分,也包括所有各类自然资源和它们所处的生态系统。而 SEEA2012 更侧重于对环境中各个单一组成要素的核算,反映了企业和住户直接利用环境资产作为经济体的自然投入而获得的物质利益,但并没有考虑间接利用环境资产而获得的非物质利益。SEEA 环境资产账户包括了实物型和价值型资产账户,分别以实物量和价值量的形式对各项环境资产在一段时间内存垃圾变化情况进行记录,变化情况包括环境资产存量增加与环境资产存量减少,其可为水生态系统资产账户提供重要参考。

2.4.1.1　**实物存量**

SEEA2012 环境资产账户中,实物存量是指在某一特定时刻的资产总量,各项资产以物理单位进行记录。由于资产种类繁多,每一种资产记录单位往往不同,故实物型资产账户一般是针对某种特定类型的资产,不同资产的实物量核算值一般不能加和汇总。

环境资产账户中,对于每一项资产,以期初存量和期末存量代表某一核算期期初和期末的存量水平,以存量增加和存量减少列示与每一项资产的期初和期末存量变化有关的账项。然而,在这些宽泛类别之内,有很多不同类型的账项,按照资产类型被冠以不同名目,见表 2-3。以实物量对环境资产存量及变化进行核算,各类单一环境资产在纵向上遵循的平衡关系为:期末存量=期初存量+存量增加-存量减少,在横向上根据各类资产的属性分布,列示该项资产的组成要素,各要素横向之和等于该期存量或变化量。

表 2-3　环境资产实物型资产账户的一般结构

账项	资源类型							
	矿产和能源资源	土地资源	土壤资源	木材资源		水生资源		水资源
				培育	天然	培育	天然	
期初存量	是	是	是	是	是	是	是	是
存量增加								
存量增长量	na	是 *	土壤形成、土壤沉积	增长	自然增长	增长	自然增长	降水量回归流量
发现新存量	是	na	na	na	na	是 *	是 *	是 *
向上重估	是	是	是 *	是 *	是 *	是 *	是	是 *
重新分类	是	是	是	是	是	是	是	是
存量增加合计								
存量减少								
开采量	开采量	na	取土量	伐取量	伐取量	收获量	总渔获量	取水量
存量正常减少量	na	na	侵蚀	自然损失	自然损失	正常损失	正常损失	蒸发量、蒸发蒸腾量
灾难性损失	是 *	是 *	是 *	是	是	是	是	是 *
向下重估	是	是	是 *	是 *	是 *	是 *	是	是 *
重新分类	是	是	是	是	是	是	是	na
存量减少合计								
期末存量	是	是	是	是	是	是	是	是

注:“na”表示不适用。* 表示这一项对于资源通常不重要,或者在源数据中通常不予单独确认。

2.4.1.2　价值存量

环境资产价值存量核算以实物量核算为基础,侧重于以价值量的方式体现单个环境资产的价值以及这些价值随时间的变化。

由于环境资产所涉及内容很广泛,部分可能为人类带来惠益的资源以实物记录的存量经济价值为零,如一国内的所有水资源都在计量范围内,但是以价值量衡量某些水资源可能被认为价值为零。同时在资产核算中由实物量到价值量转换过程中十分复杂,甚至采用不同估价方法所产生的差距较大,对很多环境资产而言,并不存在就其自然状态进行交易的市场,一项资产的经济价值有时很难确定。因此,虽然价值存量方便进行汇总和比较,但实物资产账项对编制存量及变动表显得更为重要。本书考虑水生态系统的多样性和复杂性,水生态系统资产存量及变动表只针对实物量进行讨论。

2.4.2　流量

流量是与存量相统一的一个概念,流量体现了存量在一个时期内的变化。SNA 在对国民账户进行核算时,主要是对经济流量和存量的记录与分析。经济流量由交易和其他流量组成,交易来自达成协议的机构单位间的合作活动或是某机构单位间的活动,而其他流量指不发生交易的情况下资产和负债的价值变化。SNA 中对流量的记录主要以价值量来表示。SEEA 继承了 SNA 的核算原则,将“存量-流量”引入自然资源核算中,明确了在生产范围内生产和消费的货物和服务计为内部流量,跨越生产范围的表示经济体和环境之间的流量。SEEA 中流量分别以实物量和价值量进行核算,其核算框架可为水生态系统流量核算提供借鉴。

2.4.2.1　实物流量

SEEA 对实物流量核算主要体现在物质、水和能源的流动及使用上,其核算对象既包括自然界向人类所投入的自然资源、再生能源或其他自然投入,也包括人类经济体向环境排放的废弃物和经济单位间的产品。水生态系统实物流量不考虑水生态系统内部及水生态系统与其他生态系统之间的流量关系,只针对水生态系统与人类经济体之间的流量。而生态系统服务的概念已成为将生态系统资产的特征与人们通过经济或其他活动从生态系统中获得的利益联系起来的核心。将生态系统服务概念具体到水生态系统,对水生态系统服务进行实物量核算,能够明晰水生态系统与人类经济体之间的流量关系。

1. 水生态系统服务分类

依据水生态系统资产分类,本书将水生态系统服务分为供给服务、调节服务和文化服务。供给服务代表由水生态系统产生的物质和能源贡献,包括水资源供给服务、水能资源供给服务、水产品供给服务等 3 亚类;调节服务表示水生态系统通过水文循环、陆面调节过程和生物多样性过程而产生服务,包括水源涵养、洪水调节、水质净化、气候调节、固碳释氧、提供栖息地等 6 亚类;文化服务则是由水生态系统的环境、地理位置或物理特征所产生,通过旅游、消遣、娱乐等方式而获得的精神、智力和象征上的利益,包括休闲旅游服务和科学研究服务 2 亚类。

2. 实物量核算

水生态系统服务类型多样,对不同服务的实物量计量也存在较大的差异。供给服务是最容易核算的服务流量,一般以 t 或 m^3 来衡量,以反映该类服务相关物理属性。由于许多指标在当前社会经济指标中有所体现,其物理量可以直接利用。具体实践中,对于特殊供给服务类型也可采用相应的单位来度量。通常情况下,调节服务主要是通过水生态系统调节的过程以降低某些负面影响,进而为人类社会及个人提供非 SNA 的收益。表征调节服务的指标众多,其实物量核算也需遵照各类指标对应的表征单位进行分析计算。文化服务经常采用与人相关的一些指标来表示,如到一个水生态景点的人次以及在该景点所使用的时间。此外,由于文化服务实物量与水生态系统的质量相关,有时需考虑水生态系统状况和水生态系统特征的变化。总之,水生态系统供给服务实物量核算时,应选择可表征某项服务的实物量所对应的物理量进行分析计算,同时考虑实物量收集和观测数据的获得难易条件进行选择。在实物量核算中,所有服务的实物量统计都应反映一个统一核算期内的流量,一般设定为一年。

2.4.2.2 价值流量

流量的价值量核算是一项复杂的任务,因大量水生态系统服务并不像其他商品和服务存在市场交换价值,须应用经济原则来估计各种水生态系统服务的价格。估价涉及"缺失价格"的估计,或隐含于市场商品和服务价值中的价格的确定。水生态系统服务价值核算以实物量核算为基础,通过运用市场价值理论法和成果参照法,对各类服务的经济价值进行计算。

2.4.3 水生态系统资产存量及变动表

水生态系统资产存量及变动表主要通过记录某一核算期内期初和期末水生态系统资产存量及其变化,来反映水生态系统资产在自然和人类双重影响下的状态及变化。

2.4.3.1 实物型水资源资产账户

实物型水资源资产账户是SEEA2012七组自然资源资产账户的其中之一,该账户从结构上反映了水资源的期初存量和期末存量,以及在一个核算期间水资源的增减。其在纵向上反映水资源存量的变化,遵循"期末存量=期初存量+存量增加-存量减少"的平衡关系;在横向上表示水资源分布形态,分布形态之和=地表水+地下水+土壤水。水资源实物型资产账户结构也可以用于水生态系统资产存量及变动表,但为了水生态系统资产核算的目的,水生态系统资产账户结构的一项重要扩展将包括不同水生态系统间流量的记录。实物型水资源资产账户表见表2-4。

表2-4 实物型水资源资产账户表

存量变化	地表水				地下水	土壤水	合计
	水库	湖泊	河流	冰川、雪和冰			
一、期初存量							
二、存量增加							
1. 回归水量							
2. 降水量							
3. 区域外流入量							
4. 区域内其他水体流入量							
5. 含水层中的水资源发现量							
存量增加量合计							
三、存量减少							

续表 2-4

存量变化	地表水				地下水	土壤水	合计
	水库	湖泊	河流	冰川、雪和冰			
1. 取水量							
2. 蒸腾蒸发量							
3. 向区域外流出量							
4. 入海水量							
5. 向区域内其他水体流出量							
存量减少量合计							
四、期末存量							

2.4.3.2　实物型水生态系统资产存量及变动表

参考 SEEA2012 中自然资源资产账户表式结构、实物型水资源资产账户表式结构，水生态系统资产存量及变动表也分为实物量和价值量两类核算表格。由于水生态系统资产所涉及内容很广泛，部分可能为人类带来惠益的资源以实物记录的存量经济价值为零。同时，在资产核算中由实物量到价值量转换过程中的复杂性甚至不同估价方法所产生的较大差距，对很多水生态系统资产而言，并不存在就其自然状态进行交易的市场，一项资产的经济价值有时很难确定。虽然价值存量方便进行汇总和比较，但实物资产账项对编制存量及变动表显得更为重要。因此，本书考虑水生态系统的多样性和复杂性，水生态系统资产存量及变动表只针对实物量进行讨论。鉴于核算中单位的不统一，实物型水生态系统资产存量及变动表以水生态系统功能类型为依据，对水生态系统各功能类型进行独立核算，各类功能核算表在纵向上反映每一类功能的期初存量、期末存量，以及期间的变化量（包括增加量和减少量），遵循“期末存量=期初存量+存量增加-存量减少”的平衡关系，在横向上表示水生态系统分布形态，其平衡关系遵循自然资源资产账户平衡关系。水生态系统资产存量及变动表一般表式见表 2-5。

表 2-5　水生态系统资产存量及变动表一般表式

存量变化	供给功能	调节功能	文化功能	合计
一、期初存量				
二、存量增加				
1. 自然更新				
2. 人类活动改善				
存量增加量合计				
三、存量减少				

续表 2-5

存量变化	供给功能	调节功能	文化功能	合计
1. 开采				
2. 收获资源				
3. 人类活动耗减				
4. 灾害损失				
存量减少量合计				
四、期末存量				

2.4.4 水生态系统资产负债表

水生态系统资产负债表是在水生态系统资产存量及变动表的基础上，依据水生态系统资产的权属性，对资产进行权属划分，进而明确不同权利主体的资产、负债及净资产，它既能反映水生态系统资产的权属关系，也能反映水生态系统向人类福祉提供的产品和服务，以及人类不合理利用对水生态系统造成的损害。

2.4.4.1 国家资产负债表

国家资产负债表参考企业资产负债表的编制理论和方法，分别核算国家经济体各部门在某一个时点的资产和负债情况，然后加和汇总以反映核算主体的总体存量。SNA2008 调整和扩展了原有国家资产负债表的明细项，将自然资源归入非金融非生产性资产，SNA2008 国家资产负债表一般表式见表 2-6，其表遵循“资产＝负债+净资产”恒等关系、复式记账方式、权责发生制，对国家资产、负债及净资产进行核算。

表 2-6 SNA2008 国家资产负债表一般表式

<table>
<tr><th colspan="2">资产存量和变化量</th><th>国内经济总体</th><th>国外</th><th>货物和服务</th><th>合计</th><th colspan="2">负债存量和变化量</th><th>国内经济总体</th><th>国外</th><th>货物和服务</th><th>合计</th></tr>
<tr><td rowspan="4">期初资产负债表</td><td>一、非金融资产</td><td></td><td></td><td></td><td></td><td rowspan="4">期初资产负债表</td><td>一、非金融资产</td><td></td><td></td><td></td><td></td></tr>
<tr><td>1. 非金融生产性资产</td><td></td><td></td><td></td><td></td><td>1. 非金融生产性资产</td><td></td><td></td><td></td><td></td></tr>
<tr><td>2. 非金融非生产性资产</td><td></td><td></td><td></td><td></td><td>2. 非金融非生产性资产</td><td></td><td></td><td></td><td></td></tr>
<tr><td>二、金融资产/负债</td><td></td><td></td><td></td><td></td><td>二、金融资产/负债</td><td></td><td></td><td></td><td></td></tr>
<tr><td colspan="6"></td><td colspan="2">净值</td><td colspan="4"></td></tr>
</table>

续表 2-6

资产存量和变化量		国内经济总体	国外	货物和服务	合计	负债存量和变化量		国内经济总体	国外	货物和服务	合计
资产变化合计	一、非金融资产					资产变化合计	一、非金融资产				
	1. 非金融生产性资产						1. 非金融生产性资产				
	2. 非金融非生产性资产						2. 非金融非生产性资产				
	二、金融资产/负债						二、金融资产/负债				
						净值					
期末资产负债表	一、非金融资产					期末资产负债表	一、非金融资产				
	1. 非金融生产性资产						1. 非金融生产性资产				
	2. 非金融非生产性资产						2. 非金融非生产性资产				
	二、金融资产/负债						二、金融资产/负债				
						净值					

SNA2008 国家资产负债表将自然资源作为一类资产列入非金融非生产性资产中，强调了自然资源在人类经济社会活动中的重要作用，但自然资源并没有负债项，没有体现人类社会和自然环境的关系。由 SNA2008 国家资产负债表表式结构中可知，虽然自然资源并没有负债项，但国家资产负债表所遵循的恒等式、记账方式和记录时间对水生态系统资产负债表的编制起到了指引的作用，其主要原则应在水生态资产负债表的编制过程中得到坚持和贯彻。

2.4.4.2　水生态系统资产负债表

1. 核算主体

水生态系统资产负债表既需要体现水生态系统给人类经济体提供的产品和服务的流量项，也要表示人类经济体对水生态系统不合理利用所造成的负债项，因此该表核算主体分为环境体和经济体。在资产项由经济体代表人类社会获得的福祉,即流量项;由环境体表示水生态系统资产的环境保留。在负债项由经济体体现人类社会对环境体形成的负债,而环境体无负债。

2. 核算周期

企业资产负债表和国家资产负债表均是对某一核算期内期初、期末的资产和负债进行核算,通常以一年为核算期。对于水生态系统,即使在每年可以分析生态系统过程的情况下,一年适当的开始和结束也可能不同于用于经济分析的年初和年末。根据水资源逐年更新的周期性,水生态系统资产核算也保持一年的标准核算周期长度。

3. 计量单位

对于以实物核算的账户,计量单位各不相同,取决于所涉资产类型。对于以价值核算的账户,账户中所有项目都必须以货币价值计量,因此构成项目的各个部分也必须以货币价值计量。

4. 记录规则和原则

在水生态系统资产负债表中,遵循 SNA2008 国家资产负债表基本框架,分别对资产、负债和净资产 3 类要素进行核算。水生态系统资产负债表整体上遵循的平衡关系式为:水生态系统资产=水生态系统资产负债+水生态系统资产净值,采用复式记账法,以权责发生制为交易确认基础。

实物量核算中水生态系统向经济体提供的各类产品和服务填入经济体所对应分类项中,由各分类项存量数据扣除经济体所获得各分类项流量作为环境体对应数据。实物量核算在横向上可以求和,表示相应的存量,而在纵向上由于计量单位的不一致无法加和。价值量核算中横、纵向均可加和,横向之和反映不同分类项存量的总价值量,纵向之和分别表征环境体、经济体、水生态系统总体所对应的资产、负债和净资产总价值量。水生态系统资产负债表表式结构如表 2-7 所示。

表 2-7 水生态系统资产负债表表式结构

项目类型	期初			期末		
	环境体	经济体	合计	环境体	经济体	合计
一、水生态系统资产						
1. 供给功能						
①水资源供给						
②水能资源供给						
③水产品供给						
2. 调节功能						
①水源涵养						
②洪水调节						
③水质净化						

续表 2-7

项目类型	期初			期末		
	环境体	经济体	合计	环境体	经济体	合计
④气候调节						
⑤固碳释氧						
⑥提供栖息地						
3. 文化功能						
①休闲旅游						
②科学研究						
二、水生态系统资产负债						
1. 水资源耗减						
2. 水体污染物超排						
3. 过度捕捞						
4. 水利工程建设						
5. 水利景观过度开发						
6. 水陆交错带垦殖						
三、水生态系统资产净值						

参考文献

[1] 高敏雪，刘茜，黎煜坤. 在 SNA-SEEA-SEEA/EEA 链条上认识生态系统核算:《实验性生态系统核算》文本解析与延伸讨论[J]. 统计研究，2018，35(7)：3-15.

[2] IASC. Framework for the Preparation and Presentation of Financial Statements [R]. London：IASC，1989.

[3] 王哲，赵邦宏，颜爱华. 浅论资产的定义 [J]. 河北农业大学学报(农林教育版)，2002(1)：42-43.

[4] 联合国，欧盟委员会，经济合作与发展组织，等. 2008 国民账户体系[M]. 北京：中国统计出版社，2012.

[5] 吴琼，戴武堂. 管理学 [M]. 武汉：武汉大学出版社，2016.

[6] John C，Bergstrom，Alan Randall. 资源经济学自然资源与环境政策的经济分析[M]. 北京：中国人民大学出版社，2015.

[7] 刘思华. 对可持续发展经济的理论思考[J]. 经济研究，1997(3)：46-54.

[8] 黄兴文，陈百明. 中国生态资产区划的理论与应用[J]. 生态学报，1999，19(5)：602-606.

[9] 王健民，王如松. 中国生态资产概论[M]. 南京：江苏科学技术出版社，2002.

[10] 高吉喜，范小杉. 生态资产概念、特点与研究趋向[J]. 环境科学研究，2007，20(5)：137-143.

[11] Ojea E，Martin-Ortega J，Chiabai A. Defining and classifying ecosystem services for economic valuation：The case of forest water services[J]. Environmental Science and Policy，2012，19-20(5)：1-15.

[12] 胡聃. 从生产资产到生态资产-资产-资本完备性[J]. 地球科学进展, 2004,19(2): 289-296.

[13] De Groot R S, Wilson M A, Boumans R M. A typology for the classification, description and valuation of ecosystem functions, goods and services[J]. Ecological Economics, 2002, 41: 393-408.

[14] Brauman K A, Daily G C, Duarte T K, et al. Thenature and value of ecosystem services: an overview highlighting hydrologic services[J]. Annual Review of Environment and Resources. 2007, 32: 67-98.

[15] 高敏雪. 扩展的自然资源核算:以自然资源资产负债表为重点[J]. 统计研究, 2016, 33(1): 4-12.

[16] 柴雪蕊, 黄晓荣, 奚圆圆, 等. 浅析水资源资产负债表的编制[J]. 水资源与水工程学报, 2016, 27(4): 44-49.

[17] 李扬, 张晓晶, 常欣, 等. 中国国家资产负债表2013:理论、方法与风险评估[M]. 北京: 中国社会科学出版社, 2013.

第 3 章　水生态系统资产存量及变动研究

3.1　研究思路与方法

水生态资产存量及变动研究从水生态系统资产存量及变动表编制入手，水生态系统资产存量及变动表是水生态系统资产核算的重要组成部分，旨在以实物量形式表征水生态系统提供的所有产品及服务的功能总和，反映核算期初、核算期末水生态系统资产的存量及其变化情况。编制内容包括表式结构、平衡关系式以及填报方法等三个方面。水生态系统资产存量及变动表核算框架见图 3-1。

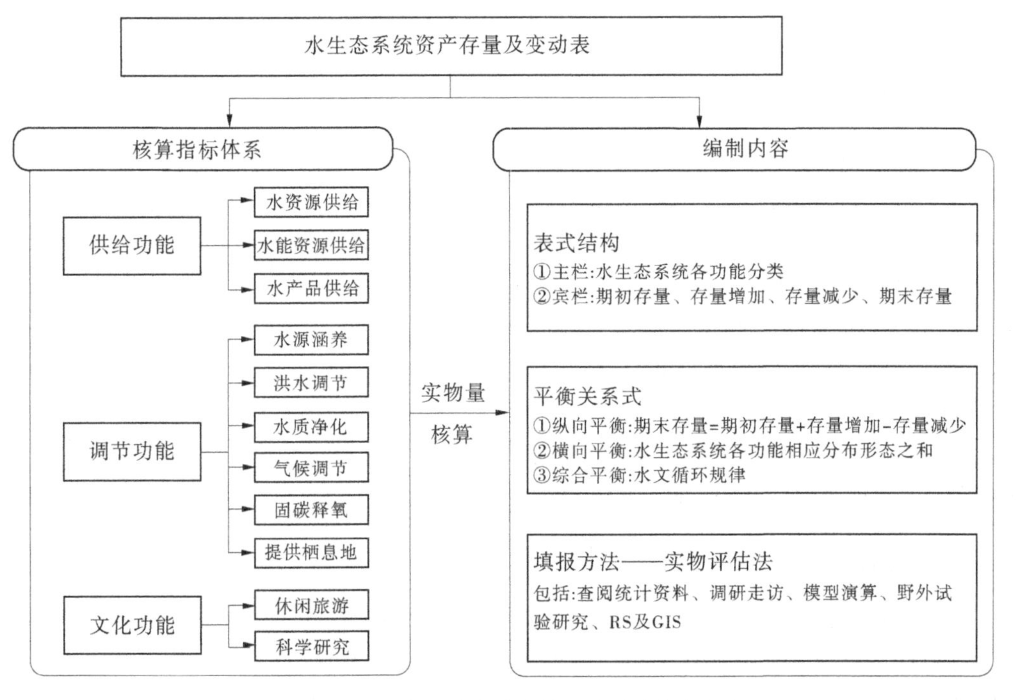

图 3-1　水生态系统资产存量及变动表核算框架

SEEA 环境资产账户包括了实物型和价值型资产账户，资产账户用以测算会计期间的期初存量及期末存量，记录核算期间的存量变化，侧重于对环境中各个单一组成要素的核算，反映了企业和住户直接利用环境资产作为经济体的自然投入而获得的物质利益，但并没有考虑间接利用环境资产而获得的非物质利益。本章节研究思路来源于 SEEA 环境资产账户中与环境资产有关的存量和流量记录、环境资产计量范围的划定原则、环境资产实物量估价方法，综合考虑水生态系统资产作为经济体的自然投入（如水资源、鱼类、矿物、木材等)而获得的物质利益及非物质利益,对水生态系统资产进行实物量核算。针对水生态系统供给功能、调节功能、文化功能3大类11子类核算指标,依据水生态系统资产存量及变动表的一般表式(见表2-5),逐项设计其存量及变动表的表式结构、表内遵循的平衡关系式及表内每项指标的填报方法。

3.1.1 表式结构

SEEA2012中详细列出了包括水资源在内的七组自然资源资产账户表式结构。该体系被许多国家参照实施,也是截至目前最为接近反映经济体和环境之间关系的综合核算体系,该体系中实物型水资源资产账户(见表2-4)是基于水文学原理及水资源利用状况形成的较为成熟的实物型水资源核算基本账户,用以描述核算期水资源存量及其变化,详细记录了期初和期末水资源存量水平,以及由于人类活动和自然原因所引起的水资源存量增加和存量减少。SEEAW2012中水资源资产账户与SEEA2012中水资源的实物型资产账户一脉相承,侧重于存量方面的水资源数量评估以及核算期间发生的存量变化。本书参考SEEA2012中环境资产账户的一般结构、水资源的实物型资产账户表式结构,结合水生态系统过程和功能,提出水生态系统资产存量及变动表。

3.1.2 平衡关系式

水生态系统资产账户遵循的平衡关系式主要有三个方面的平衡:横向平衡、纵向平衡和综合平衡。如表2-5所示,表格主栏为水生态系统功能分类,包括供给功能、调节功能、文化功能。其中,供给功能包括水资源供给、水能资源供给、水产品供给3类子功能;调节功能包括水源涵养、洪水调节、水质净化、气候调节、固碳释氧、提供栖息地6类子功能;文化功能包括休闲旅游、科学研究2类子功能;共计3大类11子类核算指标。宾栏包括期初存量、存量增加、存量减少、期末存量,遵循"期末存量=期初存量+存量增加-存量减少"的平衡关系式。对于不同的水生态系统功能分类,其遵循的水生态系统综合平衡关系式有所不同。例如,水资源供给子功能遵循的综合平衡关系式需要符合水文循环规律:水资源总量=地表水资源量+地下水资源量-重复计算量。

3.1.3 填报方法——实物评估法

水生态系统资产的实物存量及其变化主要采用实物评估法进行核算。实物评估法是以物理单位对水生态系统资产的生物物理指标进行统计、测量、模拟和监测。研究者通过查阅统计资料、调研走访、模型演算、野外试验研究、遥感技术及地理信息系统等方式获取实物存量核算的基础数据。例如,水资源供给量、水产品量等数据都可以在水资源公报或地区统计年鉴中获取,固碳释氧量、污染物净化量需借助生物、水文模型进行验算得到。随着RS技术及GIS技术水平日趋成熟,其在分析计算水生态系统功能的实物存量方面得到了广泛的应用,拓展了获取数据方法,提高了数据精度。实物评估法评估过程简单,能够较客观地反映水生态系统功能的实物存量,不受人为主观及市场价格的影响,易被公众理解和接受。

3.2　供给功能资产存量及变动研究

供给功能是指水生态系统提供的各种物质和能量,包括水资源供给、水能资源供给及水产品供给。

3.2.1　水资源供给功能

水资源供给功能是指水生态系统提供的水资源量。水资源供给功能资产存量及变动表反映水资源在特定时段内期初存量、期末存量及核算期间的变化情况。

3.2.1.1　表式结构

水资源供给功能资产存量及变动表见表 3-1。

表 3-1　水资源供给功能资产存量及变动表

指标名称	地表水	地下水	合计
期初存量			
存量增加			
降水形成的水资源量			
非常规水资源量			
流入量			
区域外流入量			
人工调入量			
区域内其他水体流入量			
回归水量			
小计			
存量减少			
经济体取水量			
居民生活取水			
生产取水			
河道外生态环境取水			
流出量			
向外区域流出量(入海水量)			
人工调出量			
向区域内其他水体流出量			
生态耗水量			
小计			
期末存量			

注:表中阴影部分表示该指标不予考虑。

主栏为水源类型,包括地表水、地下水及合计。地表水指由降水形成的扣除蒸散发及补给浅层地下水后的河川径流量。地下水是指埋藏于地表以下岩层空隙中的水。

宾栏包括期初存量、存量增加、存量减少和期末存量。期初存量及期末存量为特定时段内,核算期开始时刻和结束时刻地表水资源、地下水资源的存量;存量增加一般为由于自然过程或人类活动而导致核算范围内水生态系统供水量的增加,主要包括降水形成的水资源量、非常规水资源量、流入量和回归水量,其中流入量又分为区域外流入量、人工调入量和区域内其他水体流入量。存量减少是由于自然因素或人类活动而导致核算范围内水生态系统供水量的减少,其分类为经济体取水量、流出量和生态耗水量,经济体取水量为“三生”用水,即居民生活取水、生产取水、河道外生态环境取水;流出量包括向外区域流出量(若为沿海城市,此项为入海水量)、人工调出量及向区域内其他水体流出量。

3.2.1.2　平衡关系式

遵循的平衡关系式主要分为横向平衡式、纵向平衡式和水文循环系统平衡关系式。

(1)横向:

$$合计 = 地表水 + 地下水 \tag{3-1}$$

(2)纵向:

$$期末存量 = 期初存量 + 存量增加 - 存量减少 \tag{3-2}$$

(3)水文循环系统:

$$W = R + Q - D \tag{3-3}$$

$$R = P_r + R_{gp} \tag{3-4}$$

$$Q = P_q + R_s \tag{3-5}$$

$$D = R_{gp} + R_s \tag{3-6}$$

式中　W——水资源总量,亿 m^3;

R——地表水资源,亿 m^3;

Q——地下水资源,亿 m^3;

D——重复计算量,亿 m^3;

P_r——地表径流(降水形成的地表水),亿 m^3;

R_{gp}——河川基流量,亿 m^3;

P_q——降水形成的地下水,亿 m^3;

R_s——本区域地表水体向地下水体流入量,亿 m^3;

3.2.1.3　填报方法

1. 期初存量

1)地表水期初存量

表 3-1 中地表水资源量主要是指水库、河流、湖泊等水体蕴含的水量。水库期初存量可依据水库水位-容积关系曲线进行计算。河流期初存量核算依据河床地貌和水位确定流水河床的容量,这个数量往往很小,可忽略不计。湖泊期初存量按照静态库容计算,或依据面积-水位-水量关系曲线来计算。地表水期初存量即为水库、河流及湖泊期初存量之和。

2）地下水期初存量

地下水期初存量可依据所处水文地质单元内各水文地质参数进行计算。由于地下水的赋存条件、分布与运行规律情况十分复杂，大部分地区缺乏水文地质资料，在计算地下水真实存量时缺乏必要的基础数据支撑。在进行存量及变动表填报时，侧重点在于存量变化，因此在缺乏必要的水文地质资料的情况下，将第一个核算期的地下水期初存量设定为零，通过期初存量与存量变化得到地下水期末存量数据。

2. 降水形成的水资源

降水形成的水资源包括地表水资源及地下水资源。

（1）降水形成的地表水指的是地表径流量，在数量上等于河川径流量减去河川基流量。河川径流量采用代表站法、等值线法、年降水径流关系法和水文比拟法计算。河川基流量可通过分割流量过程线得到。

（2）降水形成的地下水为降水入渗补给量。由于我国南北方水资源条件差异，其计算方法有所不同。在北方地区，单一山丘区域，降水形成的地下水即为山丘区地下水资源量，以总排泄量计算；单一平原区，降水形成的地下水为降水入渗补给量减去河道排泄量（由降水入渗补给形成）；混合区则等于山丘区与平原区地下水资源量加和。在南方地区，山丘区为河川基流量，平原区为降水入渗及灌溉入渗的补给量之和。山丘区与平原区之间的重复计算量为灌溉入渗形成的补给量。

3. 非常规水资源量

非常规水资源是指经处理后能够再利用的水资源，主要包括再生水、雨洪资源、海水、微咸水及咸水、深层地下水和矿井水等。

4. 流入量

流入量包括区域外流入量、人工调入量及区域内其他水体流入量。

1）区域外流入量

区域外流入量包括区域外地表水和地下水的流入量。区域外地表水流入量为天然河流由区域边界流入本区域的河川径流量，称其为入境水量，可采用代表站法和水量平衡法进行计算。区域外地下水流入量即侧向补给量，可采用达西公式计算。

2）人工调入量

人工调入量指通过修建调水工程从外区域调入本区域的水量，一般人工调入的水为地表水，其可依据断面监测数据分析得到或者依据调水工程分配规划方案得到；人工调入地下水不予填报。

3）区域内其他水体流入量

区域内其他水体流入量指的是本区域内地表水体与地下水体之间产生的水量交换，包括本区域地表水体向地下水体流入量和本区域内地下水体向地表水体流入量。本区域地表水体向地下水体流入量为地表水体向地下水体的入渗补给量，包括河道入渗补给量、渠系入渗补给量、渠灌田间入渗补给量和水库坑塘入渗补给量，而在计算河道入渗补给量时应扣除重复计算量即河川基流补给量。本区域内地下水体向地表水体流入量为河川基流补给量。

5. 回归水量

回归水量包括灌溉回归水和非灌溉回归水。灌溉回归水包括两部分:灌溉回归地表水和灌溉回归地下水。灌溉回归地表水=灌溉取地表水量×$(1-\eta)$-渠系入渗补给量-渠灌田间入渗补给量,其中η为灌溉水利用系数。灌溉回归地下水=井灌入渗补给量+渠系入渗补给量+渠灌田间入渗补给量,而渠系入渗补给量、渠灌田间入渗补给量已计入本区域地表水体向地下水体流入量,所以灌溉回归地下水只计井灌入渗补给量,井灌入渗补给量=井灌取水量×井灌回归补给系数。

非灌溉回归地表水即废污水排放量,包括生活、第二产业及第三产业等用水户排放至河流、湖泊等水体被污染的水量;矿坑排水和火电直流冷却水不计入废污水排放量。非灌溉回归地下水不予填报。

6. 经济体取水量

经济体取水量包括居民生活取水、生产取水和河道外生态环境取水。其数值可依据《水资源公报编制规程》(GB/T 23598—2009)进行填报。

7. 流出量

流出量包括向外区域流出量(入海水量)、人工调出量和向区域内其他水体流出量。

1)向外区域流出量(入海水量)

针对内陆地区和沿海地区,指标名称有所不同。内陆地区称为向外区域流出量,沿海地区称为入海水量。依据所属地区进行相应填报。

内陆地区:向外区域流出量包括向外区域流出地表水量和向外区域流出地下水量。向外区域流出地表水量为天然河流经区域边界流出本区域的河川径流量,称其为出境水量,可采用代表站法和水量平衡法进行计算。向外区域流出地下水量为侧向流出量与泉水溢出量之和。

沿海地区:对于沿海地区本项为入海水量。可采用水量平衡法和入海水量模数法计算。

2)人工调出量

人工调出量指通过调水工程从本区域向外区域调出的水量,一般人工调出的水为地表水,可依据断面监测数据分析得到或者依据调水工程分配规划方案得到;人工调出地下水不予填报。

3)向区域内其他水体流出量

向区域内其他水体流出量包括地表水体向地下水体流出量和地下水体向地表水体流出量。地表水体向地下水体流出量在数值上等于流入量项中地下水体流入量,地下水体向地表水体流出量在数值上等于流入量项中地表水体流入量。

8. 生态耗水量

此项指标作为整个账户的平衡项,主要包括水库、河流、湖泊、湿地等地表水体的蒸发及渗漏损失量,该项对应地下水不予填报。

9. 期末存量

期末存量指的是地表水和地下水在核算期结束时刻的存量。依据平衡关系式计算:期末存量=期初存量+存量增加-存量减少。

3.2.2　水能资源供给功能

水能资源供给功能是指水生态系统可提供的水能资源数量。水能资源供给功能资产存量及变动表反映水能资源在特定时段内期初、期末存量及核算期间的变化情况。

3.2.2.1　表式结构

水能资源供给功能资产存量及变动表见表 3-2。

主栏指标为水能资源量。宾栏指标包括期初存量、存量增加、存量减少和期末存量。期初存量及期末存量为特定时段内，核算开始时刻和结束时刻水能资源的数量；存量增加为河段平均流量变大导致的水能资源增加量；存量减少包括已发电量和河段平均流量变小导致的水能资源减少量。

表 3-2　水能资源供给功能资产存量及变动表

指标名称	水能资源量
期初存量	
存量增加	
河段平均流量变大	
存量减少	
已发电量	
河段平均流量变小	
小计	
期末存量	

3.2.2.2　平衡关系式

因主栏只有水能资源量一项指标，不再列其平衡关系式。纵向遵循的平衡关系同式(3-2)。

3.2.2.3　填报方法

1. 期初存量

上一个核算期的年均水能资源量作为本核算期水能资源的期初存量。水能资源量依据伯努利方程得到。其计算公式为

$$E = NT = \left(\sum_{j=1}^{J} 9.81 \times Q_j \times H_j\right) \times T \tag{3-7}$$

式中　E——水能资源量，亿 kW · h；

N——出力，kW，$N=\sum_{j=1}^{J}9.81\times Q_j \times H_j$；

Q_j——第 j 个计算河段开始时刻的平均流量，m^3/s；

H_j——第 j 个计算河段开始时刻的水头损失，m；

T——计算时段，h；

J——计算河段个数。

2. 存量增加

从式(3-7)可知,水能资源量的大小与河段的平均流量及水头损失有关。天然河道的比降一般不会发生变化,其水头损失基本保持不变。因此,河段平均流量的变化直接导致了水能资源量的变化。假设水头损失不变,计算本核算期河段平均流量的增加量,采用式(3-7)计算水能资源增加量。

3. 存量减少

由于自然、经济及技术条件限制,河流的水能资源量并不能全部被开发利用。能够被经济体开发利用的水能资源称之为水能资源可开发量,本书采用已发电量表征,而未被开发利用的部分则称之为环境体的保留量。已发电量与环境体保留量共同构成了水生态系统可提供的水能资源量。已发电量被消耗,导致了水能资源供给功能存量的减少。因此,存量减少因素包括已发电量、河段平均流量减少两项。

已发电量查询地区统计年鉴可得,因河段平均流量变小导致的水能资源减少量采用式(3-7)计算。

4. 期末存量

依据平衡关系式(3-2)计算得到水能资源期末存量。

3.2.3　水产品供给功能

水产品供给功能是指水生态系统提供的水产品。水产品供给功能资产存量及变动表反映水产品在特定时段内期初存量、期末存量及核算期间的变化情况。

3.2.3.1　**表式结构**

水产品供给功能资产存量及变动表见表3-3。

表3-3　水产品供给功能资产存量及变动表

指标名称	鱼类	虾蟹类	贝类	其他水产品	合计
期初存量					
存量增加					
人工养殖量					
自然增长量					
外区域游入量					
小计					
存量减少					
捕捞量					
自然死亡量					
向外区域游出量					
小计					
期末存量					

主栏指标为各类水产品,包括鱼类、虾蟹类、贝类和其他水产品。宾栏指标包括期初存量、存量增加、存量减少和期末存量。期初存量及期末存量为特定时段内,核算期开始时刻和结束时刻水产品的存量;存量增加一般为由于自然过程或由于人类活动导致核算范围内水产品产量增加量,包括人工养殖量、自然增长量及外区域游入量。同样,存量减少包括捕捞量、自然死亡量及向外区域游出量。

3.2.3.2　平衡关系式

(1)横向平衡关系式:水产品分布形态之和:合计=鱼类+虾蟹类+贝类+其他水产品。

(2)纵向平衡关系式同式(3-2)。

3.2.3.3　填报方法

1. 期初存量

期初存量为核算期开始时刻水生态系统提供的水产品量。期初存量以水产品丰度与上一个核算期年均水域面积相乘得到。

$$\left.\begin{aligned} W_j &= F_j \times A_j \\ W &= \sum_{j=1}^{J} W_j \end{aligned}\right\} \tag{3-8}$$

式中　W——水产品量,t;

W_j——第 j 个水域水产品量,t;

F_j——第 j 个水域单位面积水产品丰度,t/km²;

A_j——第 j 个水域年均水域面积,km²;

J——计算水域个数。

2. 存量增加

存量增加包括人工养殖量、自然增长量和外区域游入量。

(1)人工养殖量查询地区统计年鉴可得。

(2)自然增长量:采用逻辑斯蒂模型(Logistic)计算自然增长率。

(3)外区域游入量为区域外向本区域游入的鱼类、虾蟹类、贝类及其他水产品,其数量可依据断面监测信息得到。

3. 存量减少

存量减少包括捕捞量、自然死亡量和向外区域游出量。

(1)捕捞量分为野生捕捞量和养殖捕捞量,查询地区统计年鉴可得。

(2)自然死亡量:应用实际种群分析(VPA)方法来计算水产品自然死亡系数,进而求得自然死亡量。

(3)向外区域游出量为本区域水产品向外区域游出的数量,可依据断面监测信息查得。

4. 期末存量

期末存量为核算期结束时刻水产品产量,依据式(3-2)计算。

3.3 调节功能资产存量及变动研究

调节功能指水生态系统调节气候、水文和生物化学循环、地表进程和各种生物过程的能力。本书调节功能包括水源涵养、洪水调节、水质净化、气候调节、固碳释氧和提供栖息地等6类子功能。

3.3.1 水源涵养功能

水源涵养功能是指水库、湖泊、湿地等通过存贮水资源以实现对径流的调节及补充地下水资源的作用,以水库、湖泊、湿地的蓄水量表征。水源涵养功能资产存量及变动表主要反映水库、湖泊、湿地等水体蓄水量在特定时段内期初存量、期末存量及核算期间的变化情况。

3.3.1.1 **表式结构**

水源涵养功能资产存量及变动表见表3-4。

表3-4 水源涵养功能资产存量及变动表

指标名称	水库	湖泊	湿地	合计
期初存量				
存量增加				
降水形成的地表径流增加				
人工调水增加				
新建水库				
退耕还湖				
湿地扩大				
小计				
存量减少				
降水形成的地表径流减少				
人工调水减少				
水库泥沙淤积				
围湖造田				
湿地退化				
小计				
期末存量				

主栏指标为水体分布类型,包括水库、湖泊、湿地。其中,湖泊水域面积需大于1 km^2。

宾栏包括期初存量、存量增加、存量减少和期末存量。期初存量及期末存量为特定时段内,核算期开始时刻和结束时刻水体蓄水量;存量增加一般为由于自然过程或由于人类活动而导致核算范围内水库、湖泊、湿地等水体蓄水量的增加，影响因素主要包括降水形成的地表径流增加、人工调水增加、新建水库、退耕还湖、湿地扩大等。存量减少影响因素主要包括降水形成的地表径流减少、人工调水减少、水库泥沙淤积、围湖造田、湿地退化等。

3.3.1.2 平衡关系式

(1)横向平衡关系式：水体分布形态之和：合计=水库+湖泊+湿地。

(2)纵向遵循的平衡关系式同式(3-2)。

3.3.1.3 填报方法

1. 期初存量

以上一个核算期的年均蓄水量作为本核算期的期初存量。水库、湖泊期初蓄水量按照兴利调节计算得到。湿地期初蓄水量以年均水深与年均水域面积相乘得到。

2. 存量增加

存量增加的影响因素主要包括降水形成的地表径流增加、人工调水增加、新建水库、退耕还湖、湿地扩大，计算方法如下：

(1)降水形成的地表径流与人工调水联合运用供生活、生产、生态用水，其增加量计算方法为：经兴利调节计算得到本核算期蓄水量，以与上一个核算期蓄水量正差值表示。

(2)新建水库：以兴利库容表示新增蓄水量。

(3)退耕还湖：建立“面积-水位-水量”关系来计算湖泊的蓄水增量。

(4)湿地扩大：以水位最大变差与湿地水域面积增加量的乘积表示。

3. 存量减少

存量减少的影响因素主要包括降水形成的地表径流减少、人工调水减少、水库泥沙淤积、围湖造田、湿地退化等，计算方法如下：

(1)降水形成的地表径流与人工调水减少量：经兴利调节计算得到本核算期蓄水量，以与上一个核算期蓄水量负差值表示。

(2)水库泥沙淤积：泥沙淤积量即为蓄水量减少量。

(3)围湖造田：以水位最大变幅与围湖造田减少的水域面积相乘可得。

(4)湿地退化：以水位最大变差与湿地退化面积的乘积表示。

4. 期末存量

期末存量为核算期结束时刻水体蓄水量，依据式(3-2)计算。

3.3.2 洪水调节功能

洪水调节功能是指流域内水库、湖泊、湿地对洪水的调节，以调节洪水量表征。洪水调节功能资产存量及变动表主要反映调节洪水量在期初存量、期末存量及其核算期间的变化情况。

3.3.2.1 表式结构

洪水调节功能资产存量及变动表见表3-5。

主栏指标为水体分布形态类型，包括水库、湖泊、湿地。

表 3-5　洪水调节功能资产存量及变动表

指标名称	水库	湖泊	湿地	合计
期初存量				
存量增加				
自然侵蚀形成新的湖泊				
退耕还湖				
新建水库				
小计				
存量减少				
水库泥沙淤积				
围湖造田				
湿地退化				
小计				
期末存量				

宾栏包括期初存量、存量增加、存量减少和期末存量。期初存量及期末存量为特定时段内,核算期开始时刻和结束时刻水库、湖泊、湿地等的调节洪水量。存量增加一般为由于自然过程或由于人类活动导致核算范围内调洪能力的增加,主要包括自然侵蚀形成新的湖泊、退耕还湖、新建水库 3 项影响因素。相应的存量减少包括水库泥沙淤积、围湖造田、湿地退化 3 项影响因素。

3.3.2.2　平衡关系式

(1)横向平衡关系式为水体分布形态之和:合计=水库+湖泊+湿地。

(2)纵向平衡关系式同式(3-2)。

3.3.2.3　填报方法

1. 期初存量

以上一个核算期的调节洪水量作为本核算期的期初存量。

(1)水库调节洪水量:各次洪水调节量相加得到,各次洪水调节量由该次洪水起始水位与最高水位之差,并查询水库水位库容关系曲线得到。

(2)湖泊调节洪水量:依据核算期期内水位最大变幅来计算。

(3)湿地调节洪水量:以核算期期内水位最大变差与年均水域面积的乘积来表征。

2. 存量增加

存量增加影响因素包括自然侵蚀形成新的湖泊、退耕还湖、新建水库 3 项。

(1)自然侵蚀形成新的湖泊。通过建立"面积-水位-水量"关系计算调节洪水增加量。

(2)退耕还湖。以核算期期内水位最大变幅与退耕还湖增加的水域面积相乘得到。

(3)新建水库。以校核洪水位与防洪限制水位之间的库容作为调节洪水量。

3. 存量减少

存量减少影响因素包括水库泥沙淤积、围湖造田、湿地退化 3 项。

(1)水库泥沙淤积。导致水库的有效库容减少,库容损失与淤积量和淤积泥沙的容重有关。以水库泥沙淤积量来表征由于泥沙淤积而导致的调洪能力减少量。

(2)围湖造田。以核算期期内水位最大变幅与围湖造田减少的水域面积相乘得到。

(3)湿地退化。依据核算期期内水位最大变差与湿地退化的水域面积相乘计算。

4. 期末存量

期末存量为核算期结束时刻水体调节洪水量,依据式(3-2)计算。

3.3.3　水质净化功能

水质净化功能是指水体降解污染物的能力,以纳污能力表征。水质净化功能资产存量及变动表反映水体纳污能力在特定时段内期初存量、期末存量及核算期间的变化情况。

3.3.3.1　表式结构

水质净化功能资产存量及变动表见表 3-6。

表 3-6　水质净化功能资产存量及变动表

指标名称	水库	河流	湖泊	湿地	合计
期初存量					
存量增加					
设计流量增加量					
废污水排放流量增加量					
小计					
存量减少					
设计流量减少量					
废污水排放流量减少量					
小计					
期末存量					

主栏指标为水体分布类型,包括水库、河流、湖泊及湿地,其中湖泊水域面积需大于 1 km^2。

宾栏包括期初存量、存量增加、存量减少和期末存量。期初存量及期末存量为特定时段内,核算期开始时刻和结束时刻水库、河流、湖泊及湿地等水体的纳污能力;存量增加或存量减少一般为天然因素或人类活动而导致核算范围内纳污能力的增加或减少,其影响因素包括设计流量及废污水排放流量的变化。

3.3.3.2　平衡关系式

(1)横向平衡关系式为水体分布形态之和:合计=水库+河流+湖泊+湿地。

(2)纵向平衡关系式同式(3-2)。

3.3.3.3 填报方法

1. 期初存量

以上一个核算期的纳污能力作为本核算期纳污能力的期初存量。

(1)水库、河流、湖泊纳污能力按照《水域纳污能力计算规程》(GB/T 25173—2010)中一维模型计算,计算公式为

$$D = 31.536 \times \frac{(Q + q) \times C_s - Q \times C_0 \times \exp[-kx/(86.4 \times u)]}{\exp[-kx_i/(86.4 \times u)]} \tag{3-9}$$

式中 D——水体纳污能力,t;

Q——设计流量,m^3/s;

q——污染物排放流量,m^3/s;

C_s——水质目标,mg/L;

C_0——初始断面污染物浓度,mg/L;

k——污染物综合衰减系数,L/d;

x——水体上断面到下断面的距离,km;

x_i——排污口到下断面的距离,km;

u——设计流量对应的平均流速,m/s。

(2)湿地纳污能力采用实测法进行确定。拟定监测实施方案,对湿地水量及水质进行同步监测,分析湿地监测断面去除污染物效能作为湿地纳污能力。

2. 存量增加及存量减少

纳污能力变化的影响因素包括设计流量及污染物排放流量两项,式(3-9)纳污能力计算公式较复杂,无法区分设计流量或污染物排放流量变化相应引起纳污能力的变化。以本核算期的纳污能力与上一个核算期纳污能力差值表征纳污能力的变化量,若差值为正,则将该值填报至存量增加列,否则填报至存量减少列。

3. 期末存量

收集本核算期纳污能力计算基础数据,采用式(3-9)计算,该值即为本核算期纳污能力的期末存量。

3.3.4 气候调节功能

气候调节功能指水体通过水汽蒸发过程增加空气湿度和降低温度的作用,以水面蒸发量表征。气候调节功能资产存量及变动表主要反映水面蒸发量在特定时段内期初存量、期末存量及核算期间的变化情况。

3.3.4.1 表式结构

气候调节功能资产存量及变动表见表3-7。

主栏指标为水体分布形态,包括水库、河流、湖泊、湿地。

宾栏指标包括期初存量、存量增加、存量减少和期末存量。期初存量及期末存量为特定时段内开始时刻和结束时刻水面蒸发量。存量变化的影响因素包括水面蒸发深度及水域面积的变化。

表 3-7　气候调节功能资产存量及变动表

指标名称	水库	河流	湖泊	湿地	合计
期初存量					
存量增加					
蒸发深度增加					
水域面积增加					
小计					
存量减少					
蒸发深度减少					
水域面积减少					
小计					
期末存量					

3.3.4.2　平衡关系式

(1)横向平衡关系式为水体分布形态之和:合计=水库+河流+湖泊+湿地。

(2)纵向平衡关系式同式(3-2)。

3.3.4.3　填报方法

1. 期初存量

采用上一个核算期期末的水面蒸发量作为本核算期的期初存量。

水面蒸发量的计算公式为

$$E = \sum_{i=1}^{I} (h_i \times A_i) \tag{3-10}$$

式中　E——水面蒸发量,万 m^3;

I——计算水体个数,包括河流、湖泊、水库及湿地;

h_i——第 i 种水体的水面蒸发深度,mm;

A_i——第 i 种水体的年均水域面积,km^2。

1)水面蒸发深度

E-601 蒸发皿观测的蒸发深度与水面蒸发深度较接近,因此采用 E-601 蒸发皿蒸发深度观测值代表水面蒸发深度。

2)年均水域面积

利用遥感影像解译 1~12 月各类水体水域面积,进而推求年均水域面积。

首先计算水面蒸发量的期初存量,其次计算因水面蒸发过程增加空气湿度及降低温度所消耗的电量,增加空气湿度所消耗电量以使用加湿器消耗的电量表征,水面蒸发降低温度以空调制冷消耗的电量表征。

2. 存量增加及存量减少

存量变化主要是由于水面蒸发深度和年均水域面积变化引起的。本核算期水面蒸发深度与上一个核算期水面蒸发深度的差值即为水面蒸发深度的变化量(Δh),年均水域面积变化量(ΔA)采用同样的方法计算。计算公式为

$$\Delta E = \sum_{i}^{I} (\Delta h_i \times A_{i-\text{期初}}) + \sum_{i}^{I} (\Delta A_i \times h_{i-\text{期末}}) \quad (3\text{-}11)$$

式中 ΔE——水面蒸发量变化量;

Δh_i——水面蒸发深度变化量;

ΔA_i——年均水域面积变化量;

$A_{i-\text{期初}}$——本核算期年均水域面积的期初存量;

$h_{i-\text{期末}}$——本核算期水面蒸发深度的期末存量。

首先计算年均水面蒸发量的变化量,其次计算使用加湿器和空调制冷所消耗的电量变化量,若变化量为正,则填报至存量增加列,否则填报至相应存量减少列。

3. 期末存量

期末存量为核算期结束时刻水体水面蒸发所消耗的电量,依据式(3-2)计算。

3.3.5 固碳释氧功能

固碳释氧功能是指水体中藻类及水生植物利用叶绿素进行光合作用,固定碳素释放氧气的功能,以固碳量和释氧量表示。固碳释氧功能资产存量及变动表主要反映藻类及水生植物在特定时段内期初固碳释氧量、期末固碳释氧量及核算期间的变化情况。

3.3.5.1 表式结构

固碳释氧功能资产存量及变动表见表 3-8。

表 3-8 固碳释氧功能资产存量及变动表

指标名称	水库	河流	湖泊	湿地	合计
期初存量					
存量增加					
年均水域面积增加量					
存量减少					
年均水域面积减少量					
期末存量					

主栏指标为水体分布形态,包括水库、河流、湖泊、湿地。

宾栏指标包括期初存量、存量增加、存量减少和期末存量。期初存量及期末存量为特定时段内,核算期开始时刻和结束时刻水库、河流、湖泊、湿地等水体中藻类及水生植物的固碳量和释氧量;存量增加及存量减少一般由于自然过程或人类活动而导致核算范围内固碳量和释氧量的增加或减少。固碳量采用单位面积固碳率与年均水域面积的乘积来表示,单位面积固碳率采用现有研究成果。因此,在分析存量变化影响因素时,仅考虑年均水域面积变化的影响。

3.3.5.2　**平衡关系式**

(1)横向平衡关系式为水体分布形态之和:合计=水库+河流+湖泊+湿地。

(2)纵向平衡关系式同式(3-2)。

3.3.5.3　**填报方法**

1. 期初存量

水库、河流、湖泊、湿地等的固碳量和释氧量均以上一个核算期的年均固碳量和年均释氧量作为本核算期的期初存量。

1)固碳量

在计算固碳量时采用纯碳量,将藻类中固定的二氧化碳量折算为纯碳量,折算系数取值 0.27,计算公式为

$$W_{碳} = b \times \sum_{i}^{I} (c_i \times A_i) \tag{3-12}$$

式中　$W_{碳}$——固碳量,t;

b——折算系数,取值 0.27;

I——水体种类数(水库、湖泊、湿地等);

c_i——第 i 种水体单位面积固碳率,t/km^2;

A_i——第 i 种水体年均水域面积,km^2。

2)释氧量

根据光合作用方程式,每生产 1 g 干物质需吸收 1.63 g 二氧化碳,释放 1.19 g 氧气。释氧量计算公式为

$$W_{氧} = 2.68 \times W_{碳} \tag{3-13}$$

2. 存量增加及存量减少

以年均水域面积变化量分析固碳释氧量的变化量。

利用遥感影像解译 1~12 月的水域面积,进而推求年均水域面积。本核算期的年均水域面积与上一个核算期的年均水域面积的差值即为年均水域面积的变化量,假设单位面积固碳率保持不变,利用式(3-12)和式(3-13)求得固碳量和释氧量的变化量。若该值为正,则填报至存量增加列,否则填报至存量减少列。

3. 期末存量

期末存量为核算期结束时刻固碳量和释氧量,依据式(3-2)计算。

3.3.6　提供栖息地功能

提供栖息地功能是指水生态系统为动植物提供繁衍及庇护场所,以水体水域面积来表征。提供栖息地功能账户主要反映水体水域面积在特定时段内期初存量、期末存量及核算期间的变化情况。

3.3.6.1　**表式结构**

提供栖息地功能资产存量及变动表见表 3-9。

表 3-9　提供栖息地功能资产存量及变动表

指标名称	水库	河流	湖泊	湿地	合计
期初存量					
存量增加					
自然过程增加					
人类活动增加					
小计					
存量减少					
自然过程减少					
人类活动减少					
小计					
期末存量					

主栏指标为水体年均水域面积，水体类型包括水库、河流、湖泊、湿地。

宾栏指标包括期初存量、存量增加、存量减少和期末存量。期初存量及期末存量为特定时段内，核算期开始时刻和结束时刻水库、河流、湖泊、湿地等水体的年均水域面积；存量增加或存量减少一般由于自然过程或由于人类活动而导致核算范围内年均水域面积的增加或减少。

3.3.6.2　平衡关系式

(1)横向平衡关系式为水体分布类型之和：合计=水库+河流+湖泊+湿地。

(2)纵向平衡关系式同式(3-2)。

3.3.6.3　填报方法

1. 期初存量

水库、河流、湖泊、湿地等水体的水域面积均以上一个核算期的年均水域面积作为本核算期的期初存量。利用遥感影像解译上一个核算期 1～12 月的水域面积，采用算术平均法计算上一个核算期年均水域面积。

2. 存量增加及存量减少

因自然过程和人类活动导致的存量变化因素较复杂，不再分列其影响因素。本核算期的年均水域面积与上一个核算期的年均水域面积相减，若差值为正，则填报至存量增加列，否则填报至存量减少列。

3. 期末存量

利用遥感影像解译本核算期 1～12 月的水域面积，采用算术平均法计算本核算期年均水域面积，该值即为本核算期年均水域面积的期末存量。

3.4 文化功能资产存量及变动研究

文化功能指人类从水生态系统获得的各种知识，以及体现愉悦感、满足感等福利，包括休闲旅游及科学研究等2类子功能。

3.4.1 休闲旅游功能

休闲旅游功能是指水利景观为人类提供休闲、娱乐及旅游的功能，以旅游人次表示。旅游休闲功能账户主要反映水利景观旅游人次在特定时段内期初存量、期末存量及核算期间的变化情况。

3.4.1.1 表式结构

旅游休闲功能资产存量及变动表见表3-10。

表3-10 旅游休闲功能资产存量及变动表

指标名称	旅游人次
期初存量	
存量增加	
存量减少	
期末存量	

主栏指标为旅游人次。

宾栏指标包括期初存量、存量增加、存量减少和期末存量。期初存量及期末存量为特定时段内，核算期开始时刻和结束时刻水利景观旅游人次；旅游人次的影响因素主要包括两种：一是外部因素，二是内部因素。外部因素指的是宏观方面的因素，主要包括区域旅游发展政策导向、突发事件影响等；内部因素主要为区域自身的资源禀赋、区位交通条件、区域经济条件、旅游接待设施等。对于影响旅游人次的外部因素和内部因素，可以采用Pearson相关分析、方差分析等方法定量分析其贡献率。因旅游人次的影响因素具有复杂性、综合性等特征，因此综合考虑外部因素及内部因素，用总变化量来表征旅游人次的增加量或减少量，不再细分引起旅游人次变化的外部因素和内部因素的贡献率。存量增加和存量减少一般为因外部因素或内部因素而导致核算范围内水利景观旅游人次的增加或减少。

3.4.1.2 平衡关系式

因横向只有一项，不再列示其平衡关系式。纵向平衡关系式同式(3-2)。

3.4.1.3 填报方法

1. 期初存量

旅游人次以上一个核算期的水利景观的旅游人次作为本核算期的期初存量。

旅游人次数据可依据地区统计年鉴查询得到。水生态系统水利景观旅游人次按照比例折算的方法进行统计。水生态系统水利景观旅游人次等于地区旅游总人次乘以折算系数。依据赵同谦等的研究成果，确定水利景观旅游人次按照旅游总人次的12.3%计算。

2. 存量增加

本核算期的旅游人次与上一个核算期的旅游人次的正差值即为本核算期旅游人次增加量。

3. 存量减少

本核算期的旅游人次与上一个核算期的旅游人次的负差值即为本核算期旅游人次减少量。

4. 期末存量

以本核算期水利景观的旅游人次作为本核算期的期末存量。

3.4.2 科学研究功能

湿地区因其独特的生态系统,可为科研院所提供科学研究试验基地,以湿地水域面积表征。科学研究功能账户主要反映湿地水域面积在特定时段内期初存量、期末存量及核算期间的变化情况。

3.4.2.1 表式结构

科学研究功能资产存量及变动表见表 3-11。

表 3-11 科学研究功能资产存量及变动表

指标名称	湿地水域面积
期初存量	
存量增加	
存量减少	
期末存量	

主栏指标为湿地水域面积。

宾栏指标包括期初存量、存量增加、存量减少和期末存量。期初存量及期末存量为特定时段内,核算期开始时刻和结束时刻湿地水域面积;存量增加或存量减少一般为由于自然过程或人类活动而导致核算范围内湿地水域面积的增加或减少。

3.4.2.2 平衡关系式

因存量及变动表横向只有一项,不再列示其平衡关系式。纵向平衡关系式同式(3-2)。

3.4.2.3 填报方法

1. 期初存量

以上一个核算期的湿地年均水域面积作为本核算期的期初存量。

2. 存量增加

湿地水域面积增加的影响因素主要有降水的增多、人工促淤措施等,不再细分各影响因素导致的湿地水域面积增加量。本核算期的年均水域面积与上一个核算期的年均水域面积正差值即为年均水域面积减少量。

3. 存量减少

我国湿地退化的原因有自然因素和人为因素。自然因素主要包括气候变化、泥沙淤积、海岸侵蚀等;人为因素主要包括围滩造地、水利工程建设、环境污染等。导致湿地退化的种种影响因素可以采用层次分析法分析其贡献率,本书综合考虑自然因素和人为因素的影响,不再详细分析其贡献率。

本核算期的年均水域面积与上一个核算期的年均水域面积负差值即为年均水域面积减少量。

4. 期末存量

以本核算期湿地年均水域面积作为本核算期的期末存量。

3.5 小　结

本章以水生态系统资产存量及变动表一般表式为基础,首先细化了主栏所涉及的供给功能、调节功能和文化功能的分类。其中,供给功能分为水资源供给、水能资源供给及水产品供给 3 类子功能,调节功能细分为水源涵养、洪水调节、水质净化、气候调节、固碳释氧和提供栖息地 6 类子功能,文化功能简化为休闲旅游及科学研究 2 类子功能。其次,分别对 11 类子功能逐项设计其存量及变动表的表式结构,主栏即为各子类功能的分布形态,宾栏在保持期初存量、存量增加、存量减少及期末存量 4 项的基础上,重点对存量增加和存量减少做了深入分析,确定了其存量变化的影响因素,细化了存量增加和存量减少 2 项宾栏的填报目录。最后,依次确定表内核算指标所需遵循的横向平衡关系式、纵向平衡关系式及综合平衡关系式,并针对表内每一项指标的填报方法进行了详细解析。通过本章内容的分析和论述,水生态系统资产存量及变动表的表式结构、平衡关系式及指标影响因素予以明确,为水生态系统资产负债表各项指标的正确填报奠定了良好的基础。

参考文献

[1] 刘东, 李艳. 基于遥感技术的鄱阳湖面积库容估算[J]. 遥感信息, 2012(2):57-61.
[2] 朱长明, 张新, 黄巧华. 基于完全遥感的湖泊湿地水文特征参数综合反演[J]. 水文, 2018,38(5):29-33,96.
[3] 陈新军. 海洋渔业资源可持续利用评价[D]. 南京:南京农业大学, 2001.
[4] 王迎宾. 应用实际种群分析(VPA)求解鱼类自然死亡系数的研究[D]. 青岛: 中国海洋大学, 2007.
[5] 龚诗涵, 肖洋, 郑华, 等. 中国生态系统水源涵养空间特征及其影响因素[J]. 生态学报, 2017, 37(7): 2455-2462.
[6] 左光栋. 山区河流引水式电站水库泥沙淤积及电站引水防沙问题研究[D]. 重庆: 重庆交通大学,2009.
[7] 岳冬冬, 王鲁民, 耿瑞, 等. 中国近海藻类养殖生态价值评估初探[J]. 中国农业科技导报,2014, 16(3):126-133.
[8] 米晓洁. 河北省入境旅游时空动态演变及优化对策研究[D]. 西安:西安外国语大学, 2017.
[9] 武惠. 旅游资源禀赋与旅游经济发展的空间错位研究[D]. 厦门:华侨大学, 2018.
[10] 刘凯,李希来,金立群,等. 黄河源湖泊湿地退化过程土壤和植被的变化特征[J]. 生态科学, 2017, 36(3):23-30.

第 4 章　水生态系统资产负债研究

参考国家资产负债表的核算原理和思路,依据水生态系统资产的权属性,引入环境主体,遵循水生态系统资产负债表框架体系,分别对各资产和负债项从实物量和价值量角度进行核算。

4.1　核算框架及核算方法

以水生态系统资产存量及变动表作为水生态系统资产负债表编制的基础数据，依据权属将水生态系统资产划分为向经济体提供的产品及服务(流量项)和环境体保留量两部分,包括实物量及价值量核算,在实物量确定的基础上采用市场价值理论法及成果参照法计算价值量。负债核算只针对经济体进行计算,当经济体的开发利用活动超过生态容量时,超过部分即作为经济体对环境体产生的负债,反之不产生负债;负债核算内容同样包括实物量和价值量核算。水生态系统资产负债表核算框架见图 4-1。

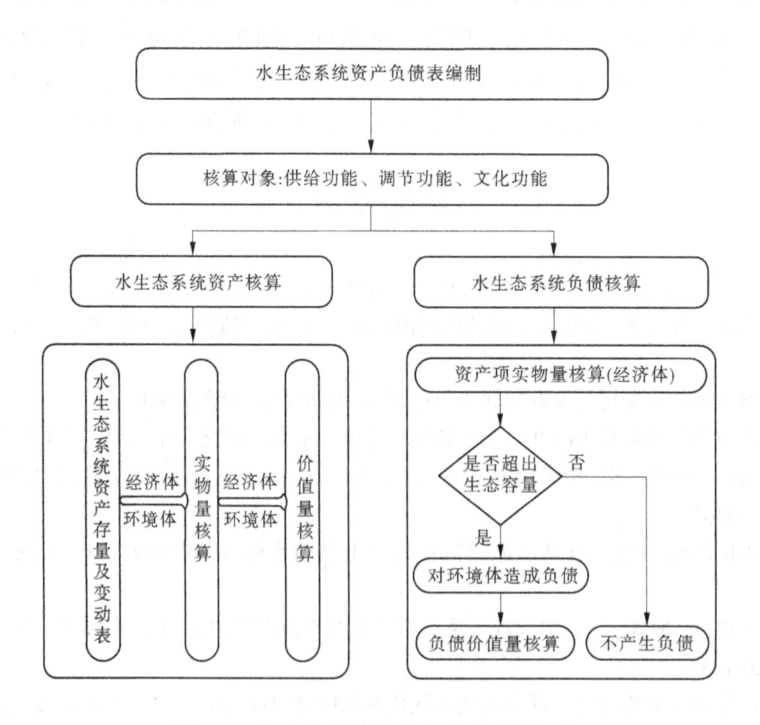

图 4-1　水生态系统资产负债表核算框架

4.2　水生态系统资产核算

水生态系统资产核算包括水生态系统向经济体提供的各项产品及服务，以及环境体所保留的产品和服务两个方面。核算对象为供给功能（水资源供给、水能资源供给及水产品供给）、调节功能（水源涵养、洪水调节、水质净化、气候调节、固碳释氧及提供栖息地）及文化功能（休闲旅游及科学研究）3大类11子类指标。核算内容包括实物量核算及价值量核算。实物量核算采用实物评估方法进行计算，水生态系统资产存量及变动表中已对期初、期末的水生态系统资产的实物量进行了分析计算，在此基础上，依照水生态系统资产的权属性，划分经济体和环境体，分别计算水生态系统向人类提供的产品和服务，以及环境体保留量。水生态系统资产核算指标及内容见表4-1。

表4-1　水生态系统资产核算指标及内容

核算指标		核算主体及核算内容			
		经济体		环境体	
大类	亚类	实物量	价值量	实物量	价值量
供给功能	水资源供给	√	√	√	√
	水能资源供给	√	√	√	√
	水产品供给	√	√	√	√
调节功能	水源涵养	√	√	√	√
	洪水调节	√	√	√	√
	水质净化	√	√	√	√
	气候调节	√	√	√	√
	固碳释氧	√	√	√	√
	提供栖息地	—	—	√	√
文化功能	休闲旅游	√	√	—	—
	科学研究	√	√	—	—

注：√表示对该项指标进行核算，—表示不对该项指标进行评估。

4.2.1　实物量核算

4.2.1.1　供给功能实物量核算

1. 水资源供给实物量核算

实物量核算包括向经济体提供的水资源量和环境体保留的水资源量。向经济体提供的水资源对应表3-1中的经济体取水量（居民生活取水、生产取水、河道外生态环境取水等3项数据）；环境体保留的水资源量对应表3-1中的生态耗水量。

2. 水能资源供给实物量核算

实物量核算包括向经济体提供的水能资源量和环境体保留的水能资源量。向经济体提供的水能资源量对应表3-2中的已发电量，环境体保留的水能资源量对应水生态系统中未被开发利用的水能资源量，其在数值上等于水能资源总量与已发电量之差。

3. 水产品供给实物量核算

实物量核算包括向经济体提供的水产品量和环境体保留的水产品量。向经济体提供的水产品量对应表 3-3 中人工养殖量,环境体保留的水产品量在数值上等于水产品产量与人工养殖量之差。

4. 2. 1. 2　调节功能实物量核算

1. 水源涵养实物量核算

实物量核算包括向经济体蓄水量和环境体蓄水量。经济体蓄水量对应表 3-4 中水库蓄水量,环境体蓄水量对应表 3-4 中湖泊和湿地蓄水量之和。

2. 洪水调节实物量核算

实物量核算包括经济体的调节洪水量和环境体的调节洪水量。经济体的调节洪水量对应表 3-5 中水库的调节洪水量,环境体的调节洪水量对应表 3-5 中湖泊和湿地调节洪水量之和。

3. 水质净化实物量核算

实物量核算包括经济体的纳污能力和环境体的纳污能力。经济体纳污能力对应表 3-6 中水库的纳污能力,环境体则对应表 3-6 中河流、湖泊及湿地的纳污能力之和。

4. 气候调节实物量核算

实物量核算包括经济体的蒸发量和环境体的蒸发量。经济体的蒸发量对应表 3-7 中水库蒸发量,环境体的蒸发量对应表 3-7 中河流、湖泊及湿地蒸发量之和。实物量包括因水面蒸发增加空气湿度和降低温度两部分。水面蒸发增加空气湿度以使用加湿器消耗的电量表征,水面蒸发降低温度以空调制冷消耗的电量表征。

5. 固碳释氧实物量核算

实物量核算包括经济体的固碳释氧量和环境体的固碳释氧量。经济体的固碳释氧量对应表 3-8 中水库水体的藻类及水生植物的固碳释氧量,环境体的固碳释氧量对应表 3-8 中河流、湖泊、湿地等水体中藻类及水生植物的固碳释氧量之和。

6. 提供栖息地实物量核算

实物量核算只计算环境体提供栖息地的场所,对应表 3-9 中水库、河流、湖泊及湿地等水体的水域面积之和。

4. 2. 1. 3　文化功能实物量核算

1. 休闲旅游实物量核算

实物量核算只计算向经济体提供的休闲、娱乐及旅游的场所,对应表 3-10 中的旅游人次。

2. 科学研究实物量核算

实物量核算只计算向经济体提供的科学研究价值,对应表 3-11 中的湿地水域面积。

4. 2. 2　价值量核算

4. 2. 2. 1　供给功能价值量核算

1. 水资源供给价值量核算

以向经济体提供的水资源量、环境体保留的水资源量作为核算基础数据,采用市场价

值法计算经济体和环境体对应的价值量。其计算公式为

$$EV_{水资源供给} = W_{\substack{经济体\\水资源供给}} \times UP_{\substack{经济体\\水资源供给}} + W_{\substack{环境体\\资源供给}} \times UP_{\substack{环境体\\水资源供给}} \tag{4-1}$$

式中　$EV_{水资源供给}$——水资源供给功能的价值量,万元;

$W_{\substack{经济体\\资源供给}}$——向经济体提供的水资源量,万 m^3;

$W_{\substack{环境体\\资源供给}}$——环境体保留的水资源量,万 m^3;

$UP_{\substack{经济体\\水资源供给}}$——经济体供水效益单价,元/$m^3$,其值分别对应居民生活、生产及河道外生态环境供水现行水价;

$UP_{\substack{环境体\\水资源供给}}$——环境体供水效益单价,元/$m^3$,其值等于经济体供水效益单价均值。

2. 水能资源供给价值量核算

以向经济体提供的水能资源量、环境体保留的水能资源量作为核算基础数据,采用市场价值法计算经济体和环境体对应的价值量。其计算公式为

$$EV_{\substack{经济体\\水能资源供给}} = W_{\substack{经济体\\水能资源供给}} \times UP_{\substack{经济体\\水能资源供给}}$$

$$EV_{\substack{环境体\\水能资源供给}} = (W_{水能资源供给} - W_{\substack{经济体\\水能资源供给}}) \times UP_{\substack{环境体\\水能资源供给}} \tag{4-2}$$

式中　$EV_{\substack{经济体\\水能资源供给}}$——经济体水能资源供给功能的价值量,万元;

$EV_{\substack{环境体\\水能资源供给}}$——环境体水能资源供给功能的价值量,万元;

$W_{\substack{经济体\\水能资源供给}}$——向经济体提供的水能资源量,万 kW·h;

$W_{水能资源供给}$——水能资源总量,万 kW·h;

$UP_{\substack{经济体\\能资源供给}}$——经济体用电单价,元/(kW·h);

$UP_{\substack{环境体\\水能资源供给}}$——环境体水能资源上网电价,元/(kW·h)。

3. 水产品供给价值量核算

以向经济体提供的水产品量、环境体保留的水产品量作为基础数据,采用市场价值法计算经济体及环境体对应的价值量。其计算公式为

$$EV_{水产品供给} = W_{\substack{经济体\\水产品供给}} \times UP_{\substack{经济体\\水产品供给}} + (W_{水产品供给} - W_{\substack{经济体\\水产品供给}}) \times UP_{\substack{环境体\\水产品供给}} \tag{4-3}$$

式中　$EV_{水产品供给}$——水产品供给功能的价值量,万元;

$W_{\substack{经济体\\水产品供给}}$——向经济体提供水产品量,t;

$W_{水产品供给}$——水产品总量,t;

$UP_{\substack{经济体\\水产品供给}}$——经济体水产品捕捞收益单价,元/t;

$UP_{\substack{环境体\\水产品供给}}$——环境体水产品收益单价,元/t。

4.2.2.2　调节功能价值量核算

1. 水源涵养价值量核算

以经济体和环境体的蓄水实物量作为核算基础数据,采用替代成本法计算经济体及环境体对应的价值量。其计算公式为

$$EV_{水源涵养} = (W_{\substack{经济体\\水源涵养}} + W_{\substack{环境体\\水源涵养}}) \times UP_{\substack{综合\\水源涵养}} \tag{4-4}$$

式中　$EV_{水源涵养}$——水源涵养功能的价值量,万元;

$W_{经济体 \atop 水源涵养}$——经济体蓄水量,万 m^3;

$W_{环境体 \atop 水源涵养}$——环境体蓄水量,万 m^3;

$UP_{综合 \atop 水源涵养}$——综合蓄水成本,按 0.67 元/m^3 计。

2. 洪水调节价值量核算

以经济体和环境体的调节洪水实物量作为核算基础数据,采用影子工程法计算经济体和环境体对应的价值量。其计算公式为

$$EV_{洪水调节} = (W_{经济体 \atop 洪水调节} + W_{环境体 \atop 洪水调节}) \times UP_{综合 \atop 洪水调节} \tag{4-5}$$

式中　$EV_{洪水调节}$——洪水调节功能的价值量,万元;

$W_{经济体 \atop 洪水调节}$——经济体调节洪水实物量,万 m^3;

$W_{环境体 \atop 洪水调节}$——环境体调节洪水实物量,万 m^3;

$UP_{综合 \atop 洪水调节}$——建设单位库容的综合投资成本,按 6.11 元/m^3 计。

3. 水质净化价值量核算

以经济体和环境体的纳污能力作为核算基础数据,采用替代成本法计算经济体及环境体对应的价值量。其计算公式为

$$EV_{水质净化} = (W_{经济体 \atop 水质净化} + W_{环境体 \atop 水质净化}) \times UP_{综合 \atop 水质净化} \tag{4-6}$$

式中　$EV_{水质净化}$——水质净化功能的价值量,万元;

$W_{经济体 \atop 水质净化}$——经济体水质净化服务实物量,万 t;

$W_{环境体 \atop 水质净化}$——环境体纳污能力,万 t;

$UP_{综合 \atop 水质净化}$——单位污染物综合治理成本,元/t。

4. 气候调节价值量核算

以经济体和环境体的气候调节实物量作为核算基础数据,采用替代成本法计算经济体及环境体对应的价值量。其计算公式为

$$EV_{气候调节} = (W_{经济体 \atop 气候调节} + W_{环境 \atop 气候调节}) \times UP_{综合 \atop 气候调节} \tag{4-7}$$

式中　$EV_{气候调节}$——气候调节功能的价值量,万元;

$W_{经济体 \atop 气候调节}$——经济体气候调节实物量,万 kW · h;

$W_{环境 \atop 气候调节}$——环境体气候调节实物量,万 kW · h;

$UP_{综合 \atop 气候调节}$——现行电价,元/(kW · h)。

5. 固碳释氧价值量核算

以经济体和环境体固碳释氧实物量作为核算基础数据,采用替代成本法计算固碳价值量,采用影子工程法计算释氧价值量。其计算公式为

$$EV_{固碳释氧} = (W_{经济体 \atop 固碳} + W_{环境体 \atop 固碳}) \times UP_{综合 \atop 固碳} + (W_{经济体 \atop 释氧} + W_{环境体 \atop 释氧}) \times UP_{综合 \atop 释氧} \tag{4-8}$$

式中　$EV_{固碳释氧}$——固碳释氧功能的价值量,万元;

$W_{经济体 \atop 固碳}$——经济体固碳量,万 t;

$W_{\substack{\text{环境体}\\\text{固碳}}}$——环境体固碳量，万 t；

$W_{\substack{\text{经济体}\\\text{释氧}}}$——经济体释氧量，万 t；

$W_{\substack{\text{环境体}\\\text{释氧}}}$——环境体释氧量，万 t；

$UP_{\substack{\text{综合}\\\text{固碳}}}$——固碳成本，元/t；

$UP_{\substack{\text{综合}\\\text{释氧}}}$——工业释氧成本，元/t。

6. 提供栖息地价值量核算

以环境体提供栖息地实物量作为核算基础数据，采用成果参照法，计算其价值量。其计算公式为

$$EV_{\text{栖息地}} = W_{\substack{\text{环境体}\\\text{栖息地}}} \times UP_{\substack{\text{环境体}\\\text{栖息地}}} \tag{4-9}$$

式中　$EV_{\text{栖息地}}$——提供栖息地功能的价值量，万元；

$W_{\substack{\text{环境体}\\\text{栖息地}}}$——环境体提供栖息地实物量，万 km^2；

$UP_{\substack{\text{环境体}\\\text{栖息地}}}$——环境体提供栖息地产生的生态效益单价，元/$km^2$，其值参考 Costanza R 等的研究成果进行确定。

4.2.2.3　文化功能价值量核算

1. 休闲旅游价值量核算

以休闲旅游实物量为核算基础数据，采用成果参照法计算其价值量。依据赵同谦等的研究成果，以区域旅游总收入的 12.3%作为休闲旅游的价值量。

$$EV_{\text{休闲旅游}} = EV_{\text{总收入}} \times 12.3\% \tag{4-10}$$

式中　$EV_{\text{休闲旅游}}$——休闲旅游功能的价值量，万元；

$EV_{\text{总收入}}$——区域旅游总收入，万元。

2. 科学研究价值量核算

本书只计算经济体科学研究价值量，以实物量为核算基础数据，采用成果参照法进行计算。其计算公式为

$$EV_{\text{科学研究}} = W_{\substack{\text{经济体}\\\text{科学研究}}} \times UP_{\substack{\text{经济体}\\\text{科学研究}}} \tag{4-11}$$

式中　$EV_{\text{科学研究}}$——科学研究功能的价值量，万元；

$W_{\substack{\text{经济体}\\\text{科学研究}}}$——经济体科学研究实物量，万 km^2；

$UP_{\substack{\text{经济体}\\\text{科学研究}}}$——单位面积科学研究价值，元/$km^2$，其值参考 Costanza R 等和谢高地等的研究成果确定。

4.3　水生态系统资产负债核算

本书针对经济体分析其对环境体产生的负债。基于“压力-状态-响应”框架，分析水生态系统资产负债核算。Grizzetti 等(2016)提出的“压力-状态-生态系统服务”概念框架中，压力主要包括水坝建设、过量取水、污染物过量排放、水土流失、外来物种入侵、土地利用方式改变、过度捕捞等因素，状态包括水量、水质、水体形态和生物组成 4 项，生态系

统服务主要包括供水、水能资源、洪水调节、气候调节等。生态系统压力改变了水量、水质、水体形态和生物组成等 4 种属性，属性变化继而对生态系统提供服务的能力产生影响。本书基于 Grizzetti 等研究的"压力-状态-生态系统服务"概念框架，结合研究区水生态系统特点，选取了 6 项压力、4 项状态及 11 类生态系统功能，构建压力、状态与生态系统服务之间的逻辑关系，在此基础上对负债进行核算。水生态系统"压力-状态-生态系统服务"之间的关系见图 4-2。

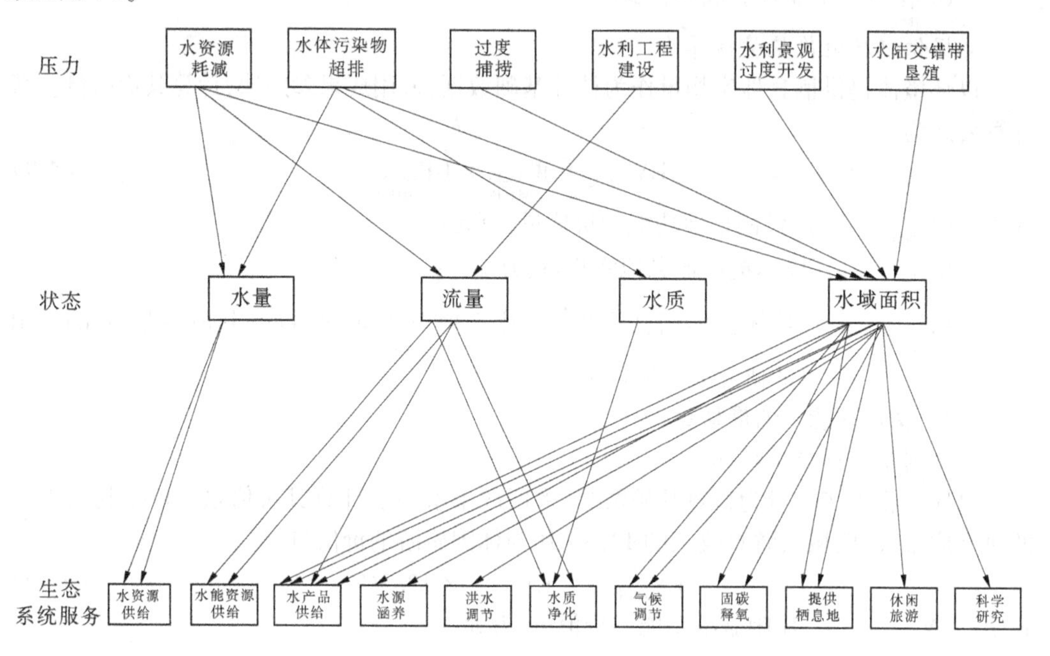

图 4-2　水生态系统"压力-状态-生态系统服务"关系示意图

如图 4-2 所示，压力包括：水资源耗减、水体污染物超排、过度捕捞、水利工程建设、水利景观过度开发及水陆交错带垦殖 6 项；状态包括：水量、流量、水质及水域面积 4 项；生态系统服务包括：供给服务（水资源供给、水能资源供给、水产品供给）、调节服务（水源涵养、洪水调节、水质净化、气候调节、固碳释氧、提供栖息地）、文化服务（休闲旅游、科学研究），共计 3 大类 11 子类（见表 4-2）。

生态系统压力改变了生态系统属性，继而对生态系统服务产生影响。如果人类活动对生态系统的压力超过了生态系统维持自身过程和功能的限度，则会破坏生态系统过程及提供产品和服务的能力，对环境体造成负债。对环境体造成的负债分为直接负债和间接负债。直接负债即为某项压力因素直接挤占环境的生态系统产品和服务，水资源耗减直接导致水资源供给服务能力的改变，对环境体造成直接负债。间接负债则为造成直接负债的某项压力因素间接改变了生态系统的某项属性，继而对与该项属性有关的生态系统服务产生影响，水资源耗减间接改变了水生态系统水域面积属性，影响了与水域面积属性有关的水产品、水源涵养等服务功能，对环境造成间接负债。生态系统压力对生态系统造成的间接影响过程及影响机制较复杂，且数据可获取性低，所以本书只对直接负债进行分析计算。

表 4-2 水生态系统服务价值量评价指标及核算方法统计

评价指标		评估方法	
大类	亚类	经济体	环境体
供给服务	水资源供给	市场价值法：$EV_{\substack{经济体\\水资源供给}} = W_{\substack{经济体\\水资源供给}} \times UP_{\substack{经济体\\水资源供给}}$	市场价值法：$EV_{\substack{环境体\\水资源供给}} = W_{\substack{环境体\\水资源供给}} \times UP_{\substack{环境体\\水资源供给}}$
	水能资源供给	市场价值法：$EV_{\substack{经济体\\水能资源供给}} = W_{\substack{经济体\\水能资源供给}} \times UP_{\substack{经济体\\水能资源供给}}$	市场价值法：$EV_{\substack{环境体\\水能资源供给}} = (W_{水能资源供给} - W_{\substack{经济体\\水能资源供给}}) \times UP_{\substack{环境体\\水能资源供给}}$
	水产品供给	市场价值法：$EV_{\substack{经济体\\水产品供给}} = W_{\substack{经济体\\水产品供给}} \times UP_{\substack{经济体\\水产品供给}}$	市场价值法：$EV_{\substack{环境体\\水产品供给}} = (W_{水产品供给} - W_{\substack{经济体\\水产品供给}}) \times UP_{\substack{环境体\\水产品供给}}$
调节服务	水源涵养	替代成本法：$EV_{水源涵养} = (W_{\substack{经济体\\水源涵养}} + W_{\substack{环境体\\水源涵养}}) \times UP_{\substack{综合\\水源涵养}}$	
	洪水调节	影子工程法：$EV_{洪水调节} = (W_{\substack{经济体\\洪水调节}} + W_{\substack{环境体\\洪水调节}}) \times UP_{\substack{综合\\洪水调节}}$	
	水质净化	替代成本法：$EV_{水质净化} = (W_{\substack{经济体\\水质净化}} + W_{\substack{环境体\\水质净化}}) \times UP_{\substack{综合\\水质净化}}$	
	气候调节	替代成本法：$EV_{气候调节} = (W_{\substack{经济体\\气候调节}} + W_{\substack{环境体\\气候调节}}) \times UP_{\substack{综合\\气候调节}}$	
	固碳释氧	替代成本法：$EV_{\substack{固碳\\固碳释氧}} = (W_{\substack{经济体\\固碳}} + W_{\substack{环境体\\固碳}}) UP_{\substack{综合\\固碳}}$ 影子工程法：$EV_{\substack{释氧\\固碳释氧}} = (W_{\substack{经济体\\释氧}} + W_{\substack{环境体\\释氧}}) UP_{\substack{综合\\释氧}}$	
	提供栖息地		成果参照法：$EV_{栖息地} = W_{\substack{环境体\\栖息地}} \times UP_{\substack{环境体\\栖息地}}$
文化服务	休闲旅游	成果参照法：$EV_{休闲旅游} = EV_{总收入} \times 12.3\%$	
	科学研究	成果参照法：$EV_{科学研究} = W_{\substack{经济体\\科学研究}} \times UP_{\substack{经济体\\科学研究}}$	

4.3.1　水资源耗减

水资源耗减:以核算区域内整体水资源系统为对象,该区域内各经济部门的用水消耗总量与该区域的水资源可开发利用总量之差。耗减量包括当地地表水、浅层地下水和深层地下水的消耗。对于存在外调水量的核算区域,其调出水量应作为本区域的消耗量。水资源耗减量计算公式为

$$W_{\text{水资源耗减}} = W_{\text{经济体用水}} + W_{\text{人工调出}} - W_{\text{水资源可利用}} \tag{4-12}$$

式中　$W_{\text{水资源耗减}}$——水资源耗减量,万 m^3;

$W_{\text{经济体用水}}$——区域内经济部门用水消耗总量,万 m^3;

$W_{\text{人工调出}}$——本区域向外区域人工调出水量,万 m^3;

$W_{\text{水资源可利用}}$——区域水资源可开发利用总量,万 m^3。

若 $W_{\text{水资源耗减}} > 0$,即表示存在水资源耗减现象,经济体用水对环境产生负债。

4.3.1.1　区域水资源可开发利用红线

如何确定水资源可开发利用的红线值是计算水资源耗减型负债的关键。水资源可开发利用红线包括地表水资源可开发利用红线和地下水资源可开发利用红线,而地下水资源可开发利用红线又可分为浅层地下水及深层地下水两方面的水资源可开发利用红线。地表水资源可开发利用红线采用倒算法进行计算。浅层地下水资源可开发利用红线以浅层地下水资源可开采量表征。深层地下水资源因更新速度极其缓慢,一般不可开采使用,所以其红线值为零。

4.3.1.2　水资源耗减型负债核算

水资源耗减对水生态系统服务功能的影响是多方面且较复杂的。水资源耗减的直接体现是水量的改变,水量的改变会引起水资源供给服务能力发生变化。水资源耗减型负债核算指标为水资源供给服务,包括负债功能量核算和负债价值量核算。以水资源可开发利用红线作为是否产生负债的标准,若水资源耗减大于0,则经济体对环境产生负债,水资源耗减量即为负债功能量,在此基础上,采用基于市场价值法和成果参照法进行负债价值量核算。

4.3.2　水体污染物超排

水体污染物超排:单位时间内区域水体污染物排放量超过水体纳污能力或环境容量。水体污染物超排的直观体现是水质的变化,水质改变会对水质净化功能产生影响。采用水体污染物实际排放量与水体纳污能力比较以确定水体污染物的超排量。其计算公式为

$$W_{\substack{\text{污染物超排}\\\text{水质净化}}} = W_{\text{实际排放}} - W_{\text{纳污能力}} \tag{4-13}$$

式中　$W_{\substack{\text{污染物超排}\\\text{水质净化}}}$——水体污染物超排量,万 t;

$W_{\text{实际排放}}$——水体污染物实际排放量,万 t;

$W_{\text{纳污能力}}$——水体纳污能力,万 t。

若 $W_{\substack{\text{污染物超排}\\\text{水质净化}}} > 0$,即水体污染物实际排放量超过了水体纳污能力限制,产生负债,超排量即为负债量;反之,负债为零。

4.3.3 过度捕捞

过度捕捞是指人类的捕捞活动超过生态系统能够承担的渔业资源数量,使得其不足以繁殖和补充种群数量。过度捕捞使水生态系统退化,生物多样性降低,一些优质生物种类濒临灭绝,渔业资源面临枯竭,人类面临食物危机。

过度捕捞引起的直接负债为水产品供给服务项。联合国粮食与农业组织(FAO)指出,全球野生鱼类资源中,有31.4%是不可持续的过度捕捞,因此将捕捞量的70%作为捕捞红线,超过量即作为负债处理。

$$W_{\substack{\text{过度捕捞}\\ \text{水产品}}} = W_{\substack{\text{捕捞量}\\ \text{水产品}}} - W_{\text{捕捞红线}} \tag{4-14}$$

式中 $W_{\substack{\text{过度捕捞}\\ \text{水产品}}}$——过度捕捞引起的水产品负债量,万 t;

$W_{\text{捕捞红线}}$——水产品捕捞红线,万 t,按水产品捕捞量 $W_{\substack{\text{捕捞量}\\ \text{水产品}}}$ 的70%计。

若 $W_{\substack{\text{过度捕捞}\\ \text{水产品}}} > 0$,则经济体的捕捞活动对环境体产生负债,$W_{\substack{\text{过度捕捞}\\ \text{水产品}}}$ 则为负债实物量。

4.3.4 水利工程建设

水利工程的修建改变了河流的原有流动方式,如大坝水库改变了河流的流速、流量时空分布和水温;河流渠道化破坏了河岸带的浅滩和水塘;分水工程便利了外来物种的入侵;河道裁弯取直增加了水土流失等,破坏了水生态系统结构和功能。水利工程建设对水生态系统服务功能的影响是多方面且较复杂的,本书从河流流量角度分析水利工程建设对水生态系统资产负债核算。设置两种情景:一是天然状态下的河流流量;二是修建水利工程状态下的河流流量,即某一核算期情况下的平均河流流量。情景一对应的河流流量作为红线流量,情景一与情景二对应的河流流量之间的差值则作为负债。

采用Mann-Kendall检验法对区域长系列河流流量资料进行趋势检验和突变检验,依据检验结果确定天然状态下的多年平均河流流量值。水利工程建设引起的直接负债项为水能资源供给服务。

水利工程建设会导致河流流量变小,进而引起水能资源供给服务实物量的减少。假设天然状态下和水利工程建设状态下河流水力坡度一定,则情景一红线流量与情景二水利工程建设情景下流量之差对应的水能资源量即为负债量。其计算公式为

$$W_{\substack{\text{水利工程}\\ \text{水能资源供给}}} = W_{\substack{\text{情景一}\\ \text{水能资源供给}}} - W_{\substack{\text{情景二}\\ \text{水能资源供给}}} \tag{4-15}$$

式中 $W_{\substack{\text{水利工程}\\ \text{水能资源供给}}}$——水利工程建设引起的水能资源供给负债实物量,万 kW · h;

$W_{\substack{\text{情景一}\\ \text{水能资源供给}}}$——情景一红线流量对应的水能资源实物量,万 kW · h;

$W_{\substack{\text{情景二}\\ \text{水能资源供给}}}$——情景二水利工程建设状态下流量对应的水能资源供给实物量,万 kW · h。

4.3.5 水利景观过度开发

水利景观过度开发是针对旅游环境容量而言的,若水利景观的开发程度超过了旅游环境容量的限度,则称其为过度开发。水利景观过度开发引起的直接负债项为休闲旅游服务。以旅游环境容量为核算标准,若旅游人次超过了旅游环境容量,则超过量作为负债

功能量，否则不产生负债。水利景观过度开发产生的休闲旅游功能负债计算公式为

$$W_{\substack{\text{过度开发}\\\text{休闲旅游}}} = W_{\substack{\text{经济体}\\\text{休闲旅游}}} - W_{\text{旅游环境容量}} \tag{4-16}$$

式中　$W_{\substack{\text{过度开发}\\\text{休闲旅游}}}$——水利景观过度开发引起的休闲旅游负债实物量，万人次/a；

$W_{\substack{\text{经济体}\\\text{休闲旅游}}}$——经济体休闲旅游功能实物量，万人次/a；

$W_{\text{旅游环境容量}}$——旅游环境容量，取旅游空间环境、旅游生态环境、旅游经济环境和旅游社会心理环境容量四者中的最小值作为水利景观的旅游环境容量值。

4.3.6　水陆交错带垦殖

水陆交错带指的是相邻的水体和陆地单元之间的异质性景观。水陆交错带垦殖即经济体通过围湖造田、围垸、建港等方式将交错带水体景观转变为其他土地利用景观。水陆交错带垦殖改变了交错带下垫面条件，使得其对地表径流的调节能力变弱，降低了水生态系统对水文情势变化的缓冲及调节能力。水陆交错带垦殖的直观体现就是水域面积的减少，因此本书以水域面积的减少对因水陆交错带垦殖引起的水生态负债进行分析。以近十年的水域面积平均值作为水域面积红线值，以水域面积红线值与本核算期水域面积的期末存量做比较来确定因水陆交错带垦殖引起的水生态负债。

$$W_{\text{垦殖}} = W_{\text{水域面积红线}} - W_{\text{水域面积}} \tag{4-17}$$

式中　$W_{\text{垦殖}}$——水陆交错带垦殖引起的水生态系统资产负债，以水域面积表征，万 km^2；

$W_{\text{水域面积红线}}$——水域面积红线值，万 km^2；

$W_{\text{水域面积}}$——本核算期水域面积期末存量，万 km^2。

若 $W_{\text{垦殖}}>0$，说明存在水陆交错带垦殖现象，经济体的围湖造田、围垸、建港等活动对环境产生负债；反之，不产生负债。

因水陆交错带垦殖产生的水生态负债主要涉及提供栖息地及科学研究两项。按照式(4-17)分别核算因水陆交错带垦殖引起的两项水生态系统服务项的负债实物量。

4.4　小　结

本章对水生态系统资产负债表编制进行了详细阐述，其以水生态系统资产存量及变动表为核算基础数据，依据水生态系统资产的权属性，将环境作为与经济体并列的虚拟主体引入负债表中，构建了关于经济体与环境的债权债务关系。水生态系统资产分为向经济体提供的产品及服务(流量项)和环境体保留量。水生态系统资产负债以人类经济体的开发利用活动是否对环境体造成压力来判别，包括水资源耗减、水体污染物超排、过度捕捞、水利工程建设、水利景观过度开发及水陆交错带垦殖 6 类负债项。同时，建立水生态系统资产负债表分类体系、核算基本原则、核算方法，借助市场价值理论法及成果参照法，将功能量转化为经济价值量，分别从实物量和价值量两个维度对水生态系统资产项和负债项进行核算。

参考文献

[1] 潘文斌，唐涛，邓红兵，等. 湖泊生态系统服务功能评估初探：以湖北保安湖为例[J]. 应用生态学报，

2002,13(10):1315-1318.

[2] 卢琼，甘泓，张象明，等. 水资源耗减量概念及其分析方法[J]. 水利学报，2010，41(12)：1401-1406.

[3] 甘泓，秦长海，卢琼，等. 水资源耗减成本计算方法[J]. 水利学报，2011，42(1):40-46.

[4] 杨海梅. 地表水资源可利用量的计算方法探讨[J]. 低碳世界，2019,9(2):75-76.

[5] 张志强. 基于人水和谐理念的最严格水资源管理三条红线量化研究[D]. 郑州：郑州大学，2015.

[6] 符传君. 南渡江河口水资源生态效应分析与高效利用[D]. 天津：天津大学，2008.

[7] 莫创荣. 水电开发对河流生态系统服务功能影响的价值评估初探[J]. 生态环境，2006 (1):89-93.

[8] Yan Z H, Wang S Q, Ma D, et al. Meteorological Factors Affecting Pan Evaporation in the Haihe River Basin, China[J]. Water, 2019, 11(2):1-18.

[9] 仕玉治. 气候变化及人类活动对流域水资源的影响及实例研究[D]. 大连：大连理工大学，2011.

[10] 邱临静. 气候要素变化和人类活动对延河流域径流泥沙影响的评估[D]. 咸阳:西北农林科技大学，2012.

[11] Stankey G H. Integrating wildland recreation research into decision making: Pitfalls and promises[J]. Recreation Research Review, 1981, 9(1): 31-37.

[12] 吴丽媛，陈传明，侯雨峰. 武夷山风景名胜区旅游环境容量研究[J]. 资源开发与市场，2016(1)：108-111.

[13] Naiman R J, Decamps H, Pollock M. The Role of Riparian Corridors in Maintaining Regional Biodiversity [J]. Ecological Applications, 1993, 3(2): 209.

第 5 章　水生态系统资产核算案例应用

5.1　研究区概况

5.1.1　自然地理、地形地貌

5.1.1.1　自然地理

邢台市地处河北省中南部,华北平原中部,介于东经 113°45′~115°50′与北纬 36°45′~37°48′,为太行山脉南段东麓冲积平原,西接壤于山西,东毗邻于山东,北接石家庄市和衡水市,南连邯郸市。区域形状呈马鞍形,东西长 185 km,南北宽 80 km,区域总面积 12 456 km^2。截至 2012 年辖 2 个区(桥东区、桥西区)2 个县级市(沙河市、南宫市)及 15 个县。

5.1.1.2　地形地貌

邢台市地势西高东低,京广铁路南北贯穿于丘陵和平原的交界处,西部为中低山和丘陵区,东部为平原区。

山丘区面积 3 545 km^2,约占全市面积的 28%。根据地形地貌特征分为山区和丘陵区。山区以 500 m 等高线与丘陵为界,区域面积 1 924 km^2,约占全市总面积的 15%。山脉呈北东走向,海拔一般在 500~1 000 m,最高山峰达 1 822 m。山脉连绵,河流蜿蜒,自西向东横截山地,形成峡谷,谷壁陡立。丘陵区以 100 m 等高线与平原为界,区域面积 1 621 km^2,约占全市总面积的 13%,海拔 100~500 m。地面起伏,岗丘遍布,沿河两岸布有带状和裙状一、二级阶地,冲沟较发育,水土流失严重。丘陵与平原间地形变化急骤,没有明显的缓冲地段。

平原区面积 8 911 km^2,约占全市总面积的 72%。根据形态和成因不同,分为山前洪积、冲积扇平原及中部冲积、湖积平原两部分,二者基本上以滏阳河为界。山前平原位于滏阳河以西,面积 3 977 km^2,一般海拔在 75~40 m,坡度为 1/400~1/1 000。靠近山麓部分的平原坡度较大,流水切割作用明显,河流阶地发育;中腰地带坡度渐缓,侵蚀变轻;平原的前缘地势平缓开阔,与两大碟形洼地——大陆泽、宁晋泊相连。黑龙港平原位于滏阳河以东,面积 4 934 km^2,主要受古黄河与海河水系长期泛滥淤积而成,地势低平,海拔在 35~24 m,坡度约为 1/10 000。由于历史上受黄河、漳河等河流决口、改道、泛滥冲淤重叠切割的影响,地貌形态十分复杂,古河床和沙丘岗坡呈带形分布,中间形成许多封闭洼地,如宁晋、隆尧的小南海,巨鹿的吕寨洼,平乡的田禾洼,临西的水坡洼,以及清河的南坡洼等。

5.1.2　土壤植被

土壤：西部山区的成土母质主要是花岗岩、片麻岩、砂岩、页岩和石灰岩；东部平原为河流冲积物。全市共有 12 个土类，主要是棕壤土、褐土、潮土、沙土等。西部山区多分布褐土及棕壤土；丘陵区多分布大片碳酸盐褐土，在盆地及河滩有少量潮土分布；滏西平原以耕种褐土、耕种潮土型褐土为主，局部洼地有褐化潮土、潮湿土、沙土、沼泽土的分布；黑龙港区以潮土、盐化潮土、褐化潮土类为主，其中巨鹿、平乡有大面积的盐碱土，南宫西北部、威县、清河则多为沙土。

植被：西部山区多是天然次生林及各种人造林，以及天然植被被砍伐后形成的灌草群落。主要树种有洋槐、橡树、柿子、板栗等，灌木主要有酸枣、荆条、胡枝子等。林草植被覆盖率：山区达 70%，丘陵区在 40%左右。

东部平原地区因长期垦殖，原始植被已多被作物所代替，只有些四旁树及散生树，主要树种有枣树、柳树、杨树、榆树等。

5.1.3　气象水文

邢台市地处半湿润地区，属暖温带大陆性季风型气候，四季分明，温差较大，冬季受西伯利亚大陆性气团控制，多西北风，寒冷干燥；春季经常受蒙古大陆性气团影响，多风沙且干旱少雨；夏季受海洋性气团及太行山地形影响，炎热多雨，且易暴雨成灾；秋季为夏冬的过渡季节，一般年份降水稀少，秋高气爽。

多年平均气温西部山丘区为 11.7 ℃，东部平原为 12.9 ℃，极端最高气温 42.7 ℃(1968 年 6 月 11 日)，极端最低气温-24.8 ℃(1972 年 1 月 26 日)。日照资源丰富，日照时数一般为 2 600 h，日照率 59%，年总辐射 113~119 kcal/cm^2。无霜期 180~220 d。

多年平均年降水量为 525.1 mm，年降水总量为 65.41 亿 m^3。其特点为区域分布不均和年际变化大。西部山区多年平均年降水量为 594.5 mm，并有禅房、獐獏多年平均年降水量为 600~700 mm 的两个多雨区；东部平原区多年平均年降水量为 497.5 mm，新河、宁晋一带多年平均年降水量为 450~480 mm。降水量年际变化大，全市年降水量最大值与最小值之比为 4.2；单站年降水量最大值与最小值之比：山区一般为 5~9，平原一般为 3~6。降水量年内分配集中，全年降水量的 75%~80%形成于 6~9 月的汛期，而汛期的降雨又主要集中在 7 月下旬至 8 月上旬，且多以暴雨的形式出现。

多年平均年径流深 43.6 mm，年径流量 5.43 亿 m^3。其时空分布与降水相似，但变化更为突出。

多年平均水面蒸发量为 1 161.1 mm，其中山区 1 045.8 mm、平原区 1 182.7 mm。西部山区 900~1 100 mm，丘陵区略大于 1 100 mm，平原区 1 100~1 300 mm，其中巨鹿、平乡、南宫一带为大于 1 200 mm 的高值区。干旱指数：山丘区 1.5~2.0，平原区大于 2.0，平乡、南宫、新河一带则达到 2.6~2.8。蒸发量年内分配：夏季 37.3%、春季 36.1%、秋季 18%、冬季 8.6%。

5.1.4　水文地质条件

依据邢台市地下水赋存条件和含水介质的孔隙特征,将地下水划分为:松散岩类孔隙水含水系统、碳酸盐岩类岩溶水含水系统和基岩类裂隙水含水系统。孔隙水含水系统主要分布在东部平原、山间盆地及山丘区河谷地带;岩溶水含水系统主要分布于太行山东麓及隐伏于山前平原等地;裂隙类含水系统主要分布于山丘区。

5.1.4.1　松散岩类孔隙水含水系统

松散岩类孔隙水含水系统主要由新生界第四系松散沉积物构成。邢台市平原区第四系厚度,在山前平原地带为200~300 m;东部平原区为350~500 m,厚者达550~600 m。根据堆积物的成因类型及矿化度的大小,在平面上可分为以下三个水文地质区:

Ⅰ区山前冲洪积平原全淡水区;

Ⅱ区冲积扇前缘浅层淡水零星分布区;

Ⅲ区湖积、冲积平原咸淡水相间分布区。

习惯将Ⅰ区简称滏西区,Ⅱ区和Ⅲ区分别简称滹滏区和黑龙港区。

以第四系沉积物岩性为基础,以水文地质条件为依据,将平原区第四系自上而下划分为四个含水层组。含水层组与地层时代的关系是:第一含水层组相当于全新统(Q_4)、第二含水层组相当于上更新统(Q_3)、第三含水层组相当于中更新统(Q_2)、第四含水组相当于下更新统(Q_1)。各含水组含水层的粒度都是自西向东由粗变细。

1. 第一含水层组

第一含水层组底界面埋深,滏西区多小于40 m,山前地带仅几米;滹滏区30~50 m,自西向东埋深加大;黑龙港区40~60 m,局部沿小漳河古河道有埋深60~70 m的条带。

滏西区含水层以粗砂、中粗砂为主,厚度10~15 m,单位涌水量2.5~20 m^3/(h · m)。

滹滏区含水层厚度较小,一般不超过10 m,单层厚度由西北向东南变薄,其岩性在西部、北部以中砂、细砂为主,向东、东南颗粒变细,以细粉砂为主。

黑龙港区浅层淡水是漂浮在咸水层上的淡水体。它的分布受南西—北东向的古河道控制,沿清凉江、滏泸河、卫运河沿线地带,含水层以细砂为主,松散质均、透水性好,底板最大埋深60 m,单位涌水量2.5~10 m^3/(h · m),其余地区浅层淡水底板埋深较小。含水层以粉砂、粉细砂为主,除少数岛状富水区单位涌水量达2.5~5 m^3/(h · m),其余大部分地区小于2.5 m^3/(h · m)。浅层淡水和下伏咸水之间多没有严格的隔水层,直接接受降水补给及地表水体渗透补给,在河道带影响范围内,淡水体靠其渗透压力和淡化作用,嵌入咸水层中。在远离河道带,浅层淡水呈漂浮状于咸水层上,厚度较小,故浅层淡水呈波状与咸水接触,且接触面随季节变化而稍有变动。第一含水层组底板等值线图见图5-1。

2. 第二含水层组

滏西、滹滏区底板埋深40~180 m,黑龙港区140~280 m。岩性主要为粉土质黄土状亚砂土、亚黏土,是一套冲洪积、风积和湖积地层。

滏西区含水层岩性:西部为砂砾,厚10 m左右,单位涌水量15~30 m^3/(h · m);东部为中粗砂,厚 20~30 m,单位涌水量 5~10 m^3/(h·m)。

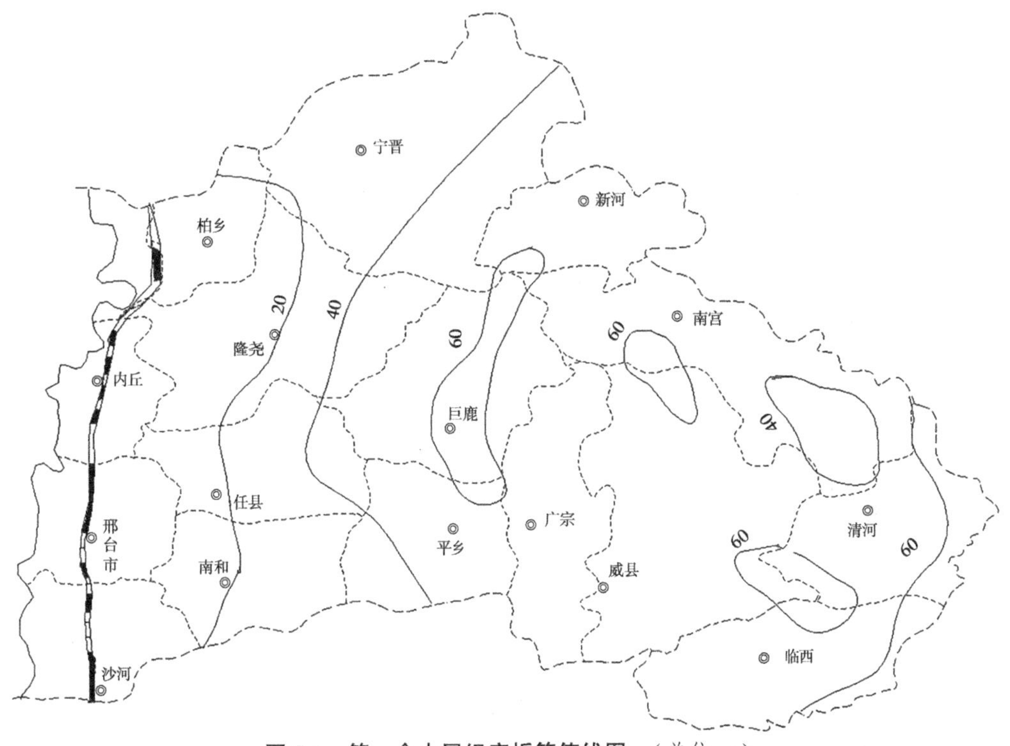

图 5-1　第一含水层组底板等值线图　(单位:m)

滏滏、黑龙港区含水层岩性多为粉细砂或中细砂,厚 10~40 m。含水层的单位涌水量一般为 2.5~5 m^3/(h·m),局部小于 1 m^3/(h·m)或大于 5~10 m^3/(h·m)。第二含水层组底板等值线图见图 5-2。

3. 第三含水层组

滏西区底板埋深 220~340 m,滏滏、黑龙港区底板埋深 240~420 m,主要由一套冲洪积、冰积亚黏土,风积中粗、中细砂组成。清河、临西一带为冲洪积、湖积亚黏土、亚砂土夹中细砂、粉砂组成,砂质较纯。

滏西区含水层岩性有中砂、粗砂、中细砂,厚度 30~70 m,单位涌水量多为 5~10 m^3/(h·m)。

滏滏区含水层岩性以中砂、粗砂为主,自西北向东南颗粒变细,含水层单位涌水量以换马店—宁晋城关—新河寻寨一线为界,北部好于南部,北部单位涌水量 10~30 m^3/(h·m),南部单位涌水量 5~10 m^3/(h·m)。

黑龙港区含水层为亚砂土、中细砂及粉砂,厚度一般为 20~40 m,除新河县单位涌水量较好外,其余多为 5~10 m^3/(h·m),只在巨鹿县苏家营、王虎寨、张王町一带单位涌水量小于 5 m^3/(h·m),清凉江—索泸河以东底板埋深 370~420 m,南宫市段芦头至威县银杏树一带,以及清河县南部老官寨至尖冢地带单位涌水量 2.5~5 m^3/(h·m),其余地区为 5~10 m^3/(h·m)。第三含水层组底板等值线图见图 5-3。

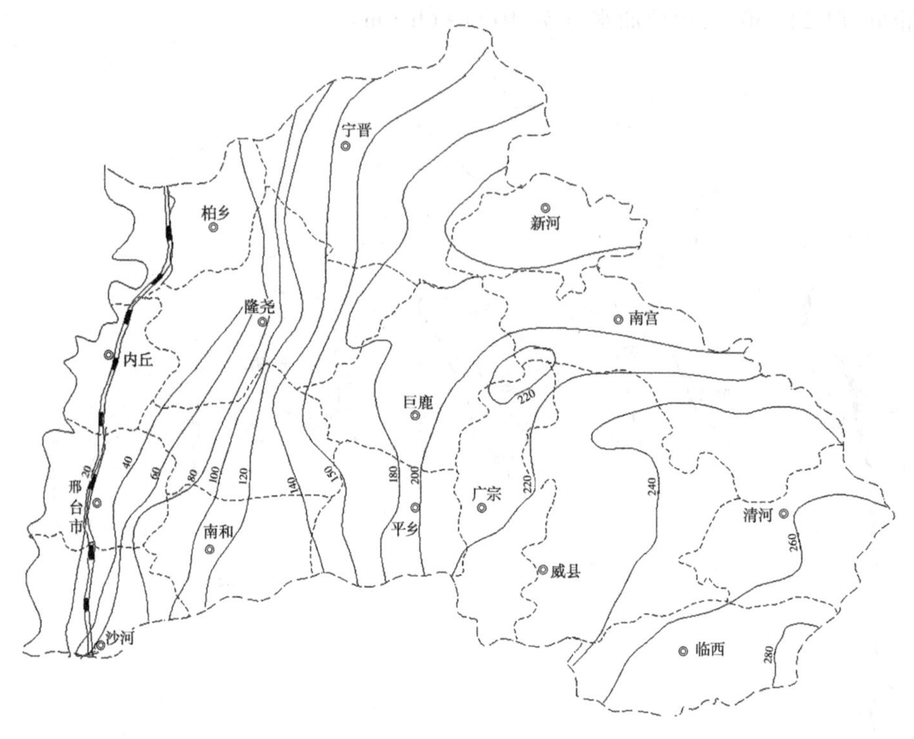

图 5-2　第二含水层组底板等值线图　(单位:m)

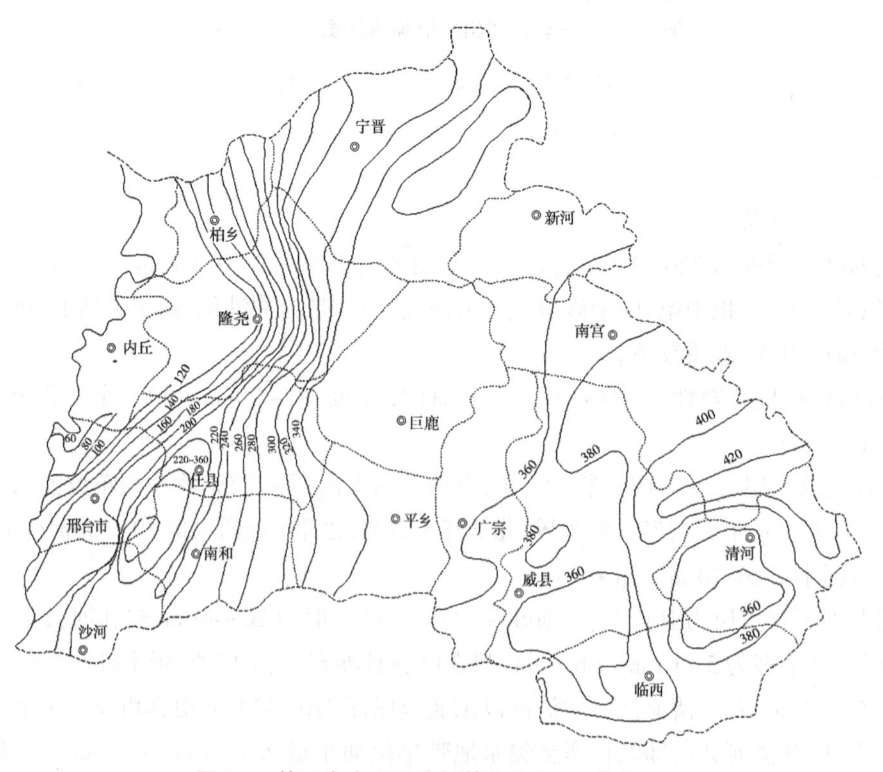

图 5-3　第三含水层组底板等值线图　(单位:m)

4. 第四含水层组

该组底板埋深滏西区 460~560 m、滹滏区 500~600 m、黑龙港区 500~580 m。该组由一套冲洪积、湖积亚黏土、亚砂土、黏土组成。含水层岩性多为风化中粗砂,透水性差,出水率随深度的增加而降低。第四含水层组底板等值线图见图 5-4。

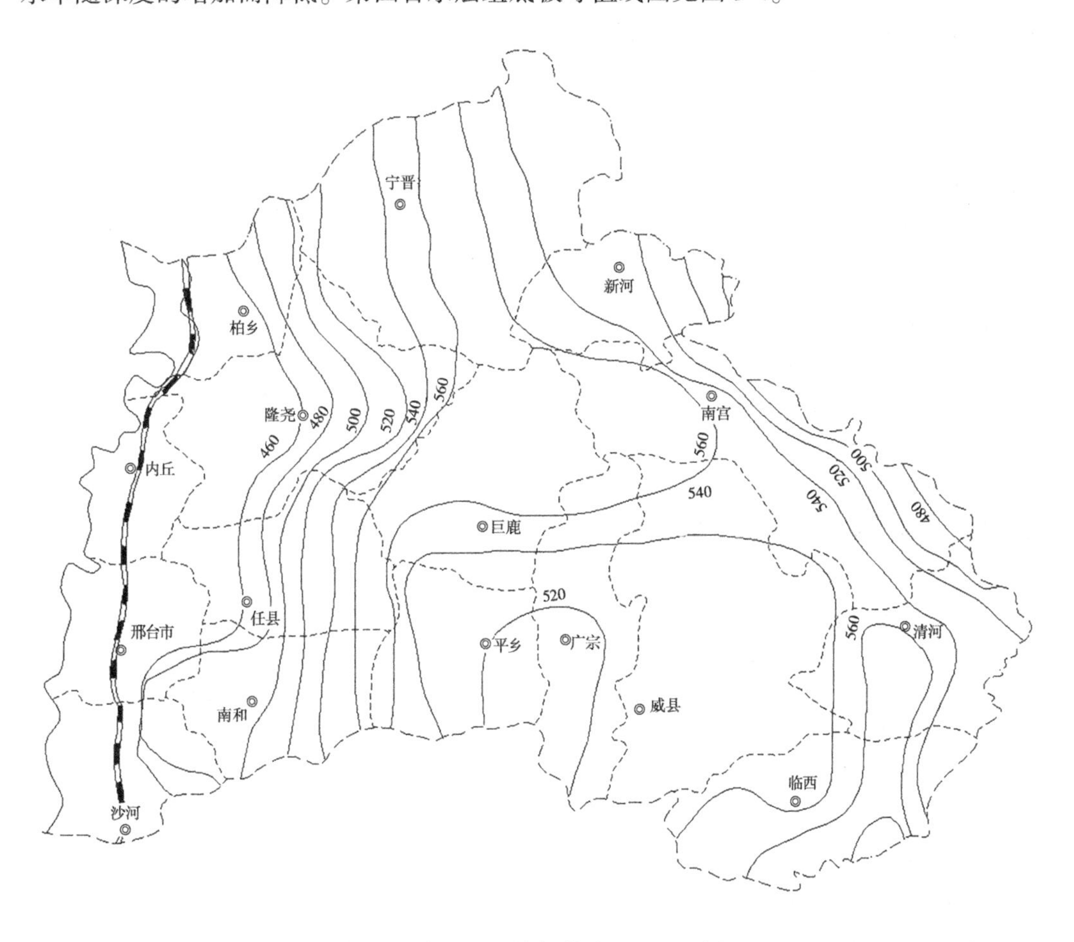

图 5-4　第四含水层组底板等值线图　(单位:m)

5.1.4.2　碳酸盐岩类岩溶水含水系统

邢台市是中国北方岩溶比较发育的地区。岩溶地下水主要赋存于中-上元古界的长城系和下古生界的寒武系中-上统与奥陶系中-下统的碳酸盐岩地层中,分布于太行山区的邢台、沙河、内丘和临城一带,岩溶含水层总厚度可达 500~1 500 m。在岩溶水含水岩系中,奥陶系岩溶水最为发育,一般厚度在 700 m 左右。其主要是石灰岩裂隙岩溶水,可分层状岩溶水和脉状裂隙岩溶水。层状岩溶水多发育于可溶灰岩底部,脉状岩溶水主要发育于构造断裂破碎带,富水性好但不均匀,单位涌水量 1.44~109.4 m^3/h,矿化度小于 1 g/L。

按构造控水规律、水力特征、含水层介质及岩性等,又可分为两大水文地质单元,即临城石鼓泉泉域水文地质区和邢台百泉泉域水文地质区。

1. 临城石鼓泉泉域水文地质区

石鼓泉岩溶水系统包括临城县全境及内丘县、赞皇县的部分地区，泉域面积 692 km^2。泉域的北界为北马村、北阳角、千根一线的地表分水岭；南界为南赛乡、西冷水、五郭店一线的阳角、地表分水岭；西界为千根、行李岭、三峰山一线的地表分水岭；东界为石家庄—邯郸大断裂(为阻水边界)。区内西部为中山，标高 1 000 m 以上；中部为低山丘陵；东部为平原。境内泜河、李阳河、小马河三条水系进入灰岩裸露区后漏失断流。目前，河流上游建有临城水库，库容约 1.62 亿 m^3。

石鼓泉泉域处于赞皇隆起带，为一向东倾斜的单斜断块。区内地层主要由太古界、元古界变质岩组成，至东部临城一带有小面积的奥陶系灰岩出露。主要岩溶含水层为中奥陶统灰岩。岩性为厚层灰岩、角砾状灰岩、花斑灰岩和白云岩，一般厚 370 mm 左右。中奥陶系地层岩溶发育较好，地表可见溶孔、溶洞。统计表明岩溶裂隙率在 8.19%~23%。地下水富水性较强，单位涌水量 7~20 $m^3/(h \cdot m)$。

石鼓泉出露于临城县水南寺村北泜河南岸。在地质构造上，是近东西背斜和北北东向紫山—内邱弧形大断裂北段的反接部位。由于弧形地下水位相对升高，在地形被下切的作用下，沿泜河河床地表高程低的崖下出露成泉。泉域内的补、径、排特征如下：

(1)补给区：分布在西北岭—磁窑沟—邵明—岗头—牟村一线以西。补给区内岩溶地下水的主要来源有：①碳酸盐岩直接裸露地表的地区，可直接接受大气降水的补给；②据《邯邢基地报告》，河谷渗漏段的集中渗入补给量一般约占地下水总补给量的 1/2。

(2)径流条件：构造控制着区域内主要径流带的分布，在褶皱、断裂、岩体的控制下，境内各主要径流带大多呈北北东—南北向的条带状分布。主要有临城向斜两翼浅部的水洼—祁村—射兽—石鼓泉强径流带、东北岭—磁窑沟—邵明强径流带。在垂向上岩溶地下水随着碳酸盐岩的标高不同可分为：-100 m 以上为强径流带，-100~-300 m 为中径流带，-300~-500 m 为极弱径流带。

(3)排泄区：天然条件下，泉域内的地下水出露于临城县水南寺村北泜河南岸，出露标高为 73.097 m。现状条件下，由于各河流的上游修建水库及人工开采地下水量逐年增加，地下水动态已经由降水入渗补给——泉排型转变为降水入渗——人工开采型。

(4)地下水动态及水化学类型：泉域内的地下水位自补给区至排泄区(自西向东)埋深由深变浅，水力坡度逐渐变小，同一时间段内水位变幅依次递减。近几年，由于降水量的减少和临城水库蓄水，泉域内的水化学类型以 H-Ca · Mg 型为主，局部为 H · S-Ca · Mg 型，地下水矿化度一般为 0.2~0.5 g/L。

2. 邢台百泉泉域水文地质区

泉域包括邢台县、内丘县、沙河市、武安市以及邯郸市部分地区。泉域的东部由邢台—峰峰断层和邢台—内邱断层所组成，构成东部阻水边界；南部：西段为北洺河地下水分水岭，东段为煤系地层和火成岩体构成阻水边界；西部以山西与河北的分水岭为界；北界为内邱—西北岭地下水分水岭。泉域面积 3 843 km^2，灰岩裸露面积 338.6 km^2。泉域西部为中山，海拔 1 000 m 左右；向东逐渐过渡为低山丘陵，标高 200~500 m；东部为平原区，标高 60~100 m。区内有发源于西部变质岩区的小马河、白马河、七里河、沙河、马会河和北洺河。各河流在雨季洪峰期流经灰岩裸露区产生严重渗漏。

泉域处于太行山断裂隆起带中段的赞皇隆起(由太古界变质岩组成)和武安凹陷(由下古生界的碳酸盐岩、碎屑岩构成)。区内径向构造和华夏系构造较为发育,以断裂为主。分布有一系列的北北东向构造,以断裂为主。地层总体走向北北东向,倾向南东东,倾角一般为5°~10°。

区内主要含水体为寒武系、奥陶系石灰岩,以奥陶系灰岩为主。灰岩岩溶裂隙发育良好,以溶孔、溶隙为主。区内补、径、排特征如下:

(1)补给区:分布在高村—云驾岭—王窑—西郝庄—皇台底—营头岗—西丘以西和东部的紫山基岩裸露区。碳酸盐岩裸露区面积338.6 km^2。补给来源以大气降水入渗补给为主、河流渗漏补给为辅。一般前者的补给量占总补给量的一半以上。

(2)径流条件:在平原上可将本单元划分为:方寸—大夫庄—百泉强径流带,矿山村—西石门径流带,紫山—百泉强径流带,郭二庄—王窑—中关强径流带。垂向上强径流带标高分布在地下水位以下-50 m;中径流带分布标高在-150~-400 m;弱径流带分布在-400~-650 m;极弱径流带在-650 m以下。

(3)排泄条件:天然条件下,百泉出露于邢台市区东南西楼下,出露标高67 m。目前,由于人工开采量的不断增加,泉水已经干枯。地下水动态类型由降水入渗——泉排型转变为降水入渗——人工开采型。

(4)地下水动态及水化学类型:泉域内地下水位由西向东(由补给区至排泄区),埋深由深变浅,水力坡度依次递减,水位变幅在同一时段内逐渐变小。到1993年底排泄区一带平均水位埋深26.18 m,水位年内变幅2~8 m。需要重视的是,近十几年来泉域的地下水位呈现连续下降的总趋势。主要是降水量减少,开采量增加和朱庄水库蓄水减少了岩溶水的补给所致。

泉域内的水化学类型简单,主要为HCO_3-Ca型水和HCO_3-Ca·Mg型水。其平面变化规律是,由补给区向排泄区,水化学类型由HCO_3-Ca型水逐渐变为HCO_3-Ca·Mg型水。相应的地下水矿化度由低逐渐变高,一般为0.2~0.5 g/L。

5.1.4.3 基岩类裂隙水含水系统

裂隙含水带厚度一般为20~50 m,在断裂带附近可达80~100 m,广泛出露于山丘区。邢台市主要是片麻岩夹大理岩,裂隙岩层属变质岩含水系统。该层裂隙发育,裂隙率达15%~30%,富水程度好,单位涌水量0.036~23.1 m^3/h,矿化度小于1 g/L。砂岩裂隙及石灰岩夹层岩溶裂隙,含水层较薄,富水性弱。裂隙水直接接受大气降水入渗补给,沿表部风化裂隙与构造裂隙向低处渗流,在附近低洼沟谷处,以泉的形式溢出地表,其特点是流程短、埋藏浅,没有明显的补给、径流、排泄区,多为就地补给、就地排泄。

5.1.4.4 碎屑岩类含水系统

邢台市碎屑岩类含水岩组主要包括白垩系、侏罗系等含水岩组,分布在山丘区。主要含水层岩性为砂岩、砾岩及火山碎屑岩,以层状裂隙水产出。含水层渗透性与富水性的大小主要取决于构造裂隙的发育程度和所处的地貌部位。一般在构造带附近或构造裂隙、风化裂隙的发育地段水量较大,而远离构造带与裂隙发育的地带水量较小。

5.1.5 河流水系概况

5.1.5.1 河流水系

邢台市河流水系属海河流域,辖区内河流多为季节性河流,平时干枯无水,仅在汛期出现洪水径流。按水系可划分为子牙河、黑龙港、南运河三大水系,境内共有河流21条。

子牙河系行洪河流15条,分别是洨河、北沙河、午河、泜河、李阳河、小马河、白马河-马河、牛尾河、七里河-顺水河、沙河-南澧河、沙洺河、留垒河、北澧河、滏阳河、滏阳新河。李阳河、小马河、白马河-马河、牛尾河、七里河-顺水河、沙洺河和留垒河等7条河道来水汇集于大陆泽,至任县环水村流入北澧河;而洨河、北沙河、午河、泜河、北澧河等汇入宁晋泊,至艾辛庄进入滏阳新河。沙河-南澧河由宋家庄、将军墓、浆水、路罗、渡口五大川汇集而成。

黑龙港系排沥河流5条,分别是老漳河、滏东排河、西沙河、老沙河-清凉江、索泸河;较大排水支渠13条,分别是小漳河、商店渠、合义渠、东风四分干渠、临威渠、南冀支渠、丰收渠、西清临渠、东清临渠、新清临渠、辛堤干渠、民兴渠、卫西干渠。

南运河系行洪河流1条为卫运河。

1. 洨河

洨河控制流域面积1 369 km^2,既是排洪河道,又是石家庄市的退水河道,涉及石家庄栾城、赵县、元氏、宁晋县城防洪问题,洨河入宁晋泊位置接近下游艾辛庄枢纽,且河道基本不冲不淤,河道设计防洪标准12年一遇。境内段长30.82 km,位置自石邢界(宁晋县自边村)至宁晋县西官庄(艾辛庄橡胶坝)。

2. 北沙河

北沙河亦称槐河,是子牙河流域滏阳河水系的主要支流河道之一,发源于太行山临城县棋盘铺,途经石家庄市的赞皇县、元氏县、高邑县,在高邑县穿京广铁路向下游经石家庄市的赵县及邢台市的柏乡县、宁晋县,在小马村与洨河汇合,于小河口注入滏阳河,流域面积978 km^2,其中山区面积587 km^2,占流域面积的60%,平原面积391 km^2,占流域面积的40%,京广铁路桥以上流域面积721 km^2。按照《子牙河系防洪规划报告》,北沙河京广铁路桥以下采用10年一遇防洪标准,设计洪峰流量为750 m^3/s。

北沙河是季节性行洪河道,河道内常年干涸,河道内、外有取土坑数处,多处已没有明显河槽,河道已没有规则形状。“96·8”洪水造成堤防多处决口,“96·8”洪水后只堵复了决口,对洪水冲毁的险工险段没有彻底修复。为完善防洪体系,提高区域防洪能力,提供防洪保安屏障。2010年对北沙河左堤险工段进行了维修加固,对西沙良桥至洨河汇流口段进行河道主槽清淤。

3. 午河

午河为海河流域子牙河系滏阳河上游的一条宽浅型季节性河流,发源于赞皇县西南部山区大石门村西北,流经赞皇、高邑两县,于高邑县南焦村东纳入南焦河,在高邑县铁路桥附近汇入午河北支,在柏乡县西汇入午河南支,后流向宁晋泊滞洪区汇入泜河,总流域面积1 115 km^2。午河京广铁路桥以上的较大支流有姊河、午河南支、午河中支。

4. 泜河

泜河是子牙河流域滏阳河水系的主要支流河道之一，发源于太行山东麓，流经内丘、临城、隆尧，在宁晋徐家河汇午河入北澧河，再入滏阳河，全长 98 km，总流域面积 945 km^2。上游建有较大水利工程两座，一座大型水库——临城水库和一座中型水库——乱木水库。临城水库控制流域面积 384 km^2，乱木水库控制流域面积 46 km^2。

5. 李阳河

李阳河是子牙河水系滏阳河支流，上游南、北两条较大的支流分别发源于内丘县南赛乡花沟村、柳林沟，干流从河渠铺入隆尧县境，在北楼乡南汪店汇入白马河，经大陆泽汇入北澧河，全流域面积 284 km^2，河道长 43 km。

6. 小马河

小马河发源于内丘县神头，流经内丘、隆尧、任县，于刘屯西同李阳河合流后汇入白马河，小马河流域面积 523 km^2，河长 45.4 km。

7. 白马河-马河

白马河是滏阳河流域的一条主要支流，发源于太行山东麓邢台县北小庄乡戈廖村，流经内丘、任县，在刘屯村西与小马河、李阳河汇流后称马河。在邢家湾大桥处入北澧河，全长 73.5 km，京广铁路桥以上流域面积 437 km^2，任县刘屯以上流域面积 571 km^2，邢家湾以上流域面积 1 133 km^2。

8. 牛尾河

牛尾河源于邢台市境内，流经邢台市桥西区、桥东区、高开区、任县，在任县永福庄汇入顺水河，是邢台市城区的主要排沥河流。

牛尾河是滏阳河主要支流，发源于邢台市区北部达活泉、白沙诸泉，支流较多，犹如牛尾。该河道在邢台市城区平安路与泉南东大街交叉口东北方向与小黄河汇合，向东在大吴庄村西与围寨河汇合后向东至北张庄村北，形成分岔口，分为牛尾河、新牛尾河。新牛尾河呈直线向东偏北方向流去，为人工开挖河道，现干涸无水，尚不具有分流能力。牛尾河向下流经任县，于任县永福庄汇入顺水河。全河长 37 km，流域面积 246 km^2，其中山区面积 48 km^2、平原区面积 198 km^2。

9. 七里河-顺水河

七里河-顺水河是子牙河水系滏阳河的一条支流，在邢台市城区南部通过。河道上游基本为下切河段，沟谷、河滩地深浅宽窄不一，下游段进入滞洪区比较平缓，河道长度 70 km，过铁路后称为顺水河，以上称七里河。控制流域面积 593 km^2，京广铁路桥以上流域面积 324.9 km^2。

10. 沙河-南澧河

沙河-南澧河是子牙河流域主要支流之一，控制流域面积 1 955 km^2。发源于太行山东麓，流经内丘、邢台、沙河、南和、任县等五县（市），于任县骆庄流入滏阳河中游洼地——大陆泽，在环水村入北澧河，经北澧河进入宁晋泊再入滏阳新河，全长 161 km。河道上游有朱庄水库、东石岭水库和野沟门水库。沙河市城区位于河道右岸，南和县城位于河道左岸。干流在朱庄水库以上称为道西川；朱庄村至京广铁路桥之间称大沙河；端庄以下分成两股，一股是南沙河主流汇入南澧河，另一股是南支干沙河故道。

11. 沙洺河

沙洺河是子牙河流域滏西主要支流之一,是汇入滏阳河大陆泽、宁晋泊流域面积最大的一条支流,娄里以上为山区,以下基本为平原。河道由邢威公路桥进入邢台市南河县境内,河道经郝桥镇后进入任县骆庄乡境内,在环水村处河流汇入北澧河。境内河长35.8 m。

12. 留垒河

留垒河发源于永年广府洼,为季节河道。留垒河为联结永年洼和大陆泽并排泄幸福渠、崔青渠沥水的一条排泄洪沥水的河道,位于滏阳河与洺河之间,自永年洼借马闸起至任县环水村汇入北澧新河,全长65 km。鸡泽东营至环水村长35.44 km,境内流域面积193 km^2。流域为一狭长地带,地势平缓,地面坡降上、中游为1/4 000,下游大陆泽附近为1/11 000。

13. 北澧河

北澧河是沟通大陆泽与宁晋泊的泄洪河道,是滏阳河最大的支流。洺河、南澧河、七里河、李阳河、小马河、白马河、留垒河、泜河、午河等河流先后入蓄滞洪区后均汇至北澧新河,经任县、隆尧县,至宁晋县小河口与洨河汇流入滏阳河,上游控制流域面积10 158 km^2,全长41.3 km,承纳整个滏阳河、北沙河以南和太行山东邻的洪水。

14. 滏阳河

滏阳河发源于邯郸滏山南麓,流经邯郸、邢台、衡水、沧州,在沧州献县汇入子牙河,全长402 km,是一条排洪(沥)、灌溉综合利用的骨干河道。

滏阳河是邢台市的引黄干渠,引水线路自河南省濮阳县濮清南总干渠首引黄河水,在河南穿卫河入冀。入冀后进入邯郸市东风渠,利用东风渠至曲周县陈庄枢纽,自陈庄枢纽向西分水,经3.5 km南干渠于曲周黄口闸进入滏阳河,在平乡县阎庄进入邢台境内。依次流经平乡县、任县、巨鹿县、隆尧县,至宁晋县耿庄桥滏右闸,由滏右闸(滏阳河输水线路全长66.52 km)向东进入三河勾通(长3.1 km),而后入小漳河(长6.83 km),经孙家口涵洞穿东围堤入老漳河,进入滏东排河。

15. 滏阳新河

滏阳新河是"63·8"洪水后,河北省于1967年冬至1968年春兴建的人工排洪河道,是治理海河的主干工程之一,主要任务是配合大陆泽、宁晋泊滞洪工程将滏阳河流域14 877 km^2的洪水导入子牙新河,为滏阳河流域洪水的主要出路。本区滏阳新河流域面积6 792 km^2,长度22 km。

16. 南沙河

南沙河上游较大支流有宋家庄川、将军墓川、浆水川、路罗川、渡口川等。

宋家庄川发源于内丘县北沟,全长31.20 km,流域面积312 km^2,河道平均坡度23.4%,流域平均宽度10.0 m,支沟12条,在邢台县野河附近与将军墓川汇合。

将军墓川发源于山西省和顺县的水帘洞,全长25.5 km,流域面积169 km^2,河道平均坡度33.7%,流域平均宽度6.63 m,在邢台县野河附近与宋家庄川汇合。

浆水川发源于邢台县浆水乡西坪,全长31.20 km,流域面积168 km^2,河道平均坡度26.6%,流域平均宽度5.38 m,支沟6条,在邢台县老庄窝附近汇入道西川。

路罗川发源于邢台县白岸乡南沟，全长35.6 km，流域面积318 km^2，河道平均坡度26.1%，流域平均宽度8.93 m，支沟10条，在邢台县柏脑附近汇入道西川。

渡口川发源于沙河市上窝铺，全长41.0 km，流域面积221 km^2，河道平均坡度17.6%，流域平均宽度5.39 m，支沟8条，在沙河市左村附近汇入大沙河。

17. 老漳河

老漳河属黑龙港流域南排河系，为漳河故道，起自支漳河与老漳河上段汇入处——东水町，行经曲周、平乡、广宗、巨鹿、宁晋，于宁晋孙家口汇入滏东排河，全长60.0 km。流域位于邢台市、邯郸市的滏阳河以东地区，流域面积1 897 km^2。

18. 滏东排河

滏东排河自宁晋县孙家口至新河县挽庄，境内控制流域面积1 625 km^2，长23.2 km。滏东排河是为改善老漳河排水出路，结合滏阳河排洪道修筑右堤取土，于1965年开挖的一条骨干排水河道。

19. 西沙河

西沙河原为漳河故道。上起威县大、小高庙，沿威县、广宗和南宫、巨鹿边界北流，至沙里王村南入新河县境，向东顺小漳河故道至台家庄村东入冀县，顺千顷洼东侧至冀衡农场入滏东排河，全长71.3 m，流域面积878.6 km^2，其中境内排水面积699 km^2。

20. 老沙河-清凉江

老沙河-清凉江是邢台境内东部的一条排水河道。老沙河自邯郸市邱县入境，于威县牛寨汇入清凉江，经南宫、清河边界向东北，进入衡水地区至沧州市交河县乔官屯入南排河。以牛寨闸为界，以上称老沙河，以下称清凉江。老沙河-清凉江邢台境内控制排水面积1 612 km^2，老沙河段长33 km，清凉江段长28 km。

21. 索泸河

索泸河为黑龙港地区的一条主要排水河道，索泸河邢台境内起自威县候贯村，止于南宫明化村，长22.21 m，境内流域面积598 km^2。

5.1.5.2　湖泊

1. 达活泉公园

达活泉公园位于邢台市桥西区冶金北路与泉南西大街交叉口，其占地面积大约为53万m^2。园内建有两处人工湖，其常年积水面积合计为6.2万m^2。

2. 邢州湖公园

邢州湖公园位于任县西部，占地面积约25 m^2，蓄水量约60万m^3。

3. 狗头泉公园

狗头泉公园位于邢台市邢台县信都路与长安路交叉口南侧，公园内有一处直径80 m的泉水，水深0.5 m，常年积水面积0.25万m^2。

5.1.5.3　湿地

邢台市共有1处湿地——襄湖岛湿地公园，位于邢台市桥西区南部大沙河流域，距离市中心7 km，与邢台县、沙河市相接，园区上游有两座大型水库，即朱庄水库和东石岭水库。园区规划范围为大沙河邢都公路桥以东、京广铁路桥以西，大沙河南北堤围合区域。水域面积200万m^2。

5.1.5.4 蓄滞洪区

大陆泽、宁晋泊(分为小宁晋泊、小南海和老小漳河区间三部分)蓄滞洪区合称滏阳河中游洼地,位于京广铁路以东、河北省邢台市东北部,是历史上形成的自然洼地,是河北省第一大滞洪区,全国第三大滞洪区,是海河流域的关键防洪工程,总面积 1 763.6 km^2,其中大陆泽 417.3 km^2、宁晋泊 1 346.3 km^2(小宁晋泊 640.6 km^2、小南海 182.8 km^2,老小漳河区间 522.9 km^2)。滏阳河中游洼地共涉及宁晋、隆尧、巨鹿、任县、南和、柏乡、平乡、广宗 8 个县 48 个乡 848 个行政村。蓄滞洪区内 2009 年总人口 127.6 万,耕地面积 206.2 万亩(1 亩=1/15 hm^2,全书同。)。

大陆泽与宁晋泊以邢(台)南(宫)公路为界,地势自西南向东北倾斜,洼地最低高程大陆泽 28.0 m 左右,宁晋泊 24.5 m 左右,汇入和流经大陆泽的河流有洺河、南澧河、七里河、马河和留垒河,由北澧新河承泄入宁晋泊,控制流域面积 10 158 km^2;宁晋泊承纳滏阳河、北澧新河及支流泜河、午河、北沙河、洨河洪水,经滏阳新河下泄。宁晋泊和大陆泽以上控制流域面积 14 877 km^2。大陆泽东以滏阳河右堤为界,南侧和西侧以地面高程控制,北在邢家湾处一狭窄断面和宁晋泊相连。宁晋泊北以北围堤(洨河左堤下段)为界,东以东围堤(老漳河左堤)为界,西以地面高程控制,南在邢家湾处与大陆泽相连。

5.1.6 水利工程概况

5.1.6.1 水库

邢台市现有水库 48 座。其中,大型水库 2 座,分别是朱庄水库、临城水库;中型水库 4 座,分别是东石岭水库、野沟门水库、马河水库、乱木水库;小(1)型水库 8 座,控制流域面积 239.65 km^2,总库容 0.33 亿 m^3,见表 5-1;小(2)型水库 34 座,控制流域面积 131.3 km^2,总库容 0.08 亿 m^3,见表 5-2。

表 5-1 邢台市小(1)型水库工程明细

序号	水库名称	位置	所在河流	流域控制面积/km^2	重现期/a		总库容/万 m^3	建成年份
					设计洪水	校核洪水		
1	东川口水库	邢台县西黄村镇	顺水河-七里河	84.00	50	300	928.00	1967
2	羊卧湾水库	邢台县皇寺镇	白马河	39.50	50	300	795.00	1958
3	魏村水库	临城县黑城乡	午河中支	22.00	50	300	210.00	1958
4	北白水库	临城县黑城乡	午河中支	14.45	50	500	101.26	1979
5	北岭水库	内丘县五郭店乡	李阳河北支	25.00	50	300	201.40	1975
6	马庄水库	内丘县五郭店乡	李阳河北支	16.00	50	500	189.70	1958
7	石河水库	内丘县柳林镇	李阳河	27.70	50	300	365.20	1958
8	峡沟水库	沙河市柴关乡	马会河	11.00	50	300	570.70	1960
合计				239.65			3 361.26	

表 5-2　邢台市小(2)型水库工程明细

序号	水库名称	位置	所在河流	流域控制面积/km^2	重现期/a		总库容/万 m^3	建成年份
					设计洪水	校核洪水		
1	东侯兰水库	邢台县羊范镇	南澧河-沙河	2.90	30	300	15.17	1973
2	塔西水库	邢台县西黄村镇	顺水河-七里河	1.00	30	300	40.00	1958
3	丰来峪 1 水库	邢台县皇寺镇	白马河	1.30	30	300	13.50	1966
4	丰来峪 2 水库	邢台县皇寺镇	白马河	1.00	30	300	11.60	1958
5	西渎水库	临城县鸭鸽营乡	午河中支	16.50	30	300	44.40	1980
6	西竖水库	临城县西竖镇	泜河	2.70	30	300	24.80	1958
7	东营等水库	临城县西竖镇	泜河	1.20	30	300	14.50	1968
8	石匣沟水库	临城县石城乡	李阳河	1.90	30	300	20.50	1979
9	界沟水库	临城县临城镇	泜河	6.00	30	300	20.60	1978
10	南驾廻水库	临城县临城镇	泜河	1.00	30	300	11.60	1979
11	竹壁水库	临城县黑城乡	午河中支	3.00	30	300	57.00	1958
12	刘家洞水库	临城县黑城乡	午河中支	4.00	30	300	36.00	1968
13	丰盈水库	临城县黑城乡	午河中支	9.00	30	300	26.00	1976
14	王家庄水库	临城县黑城乡	泜河	1.20	30	300	19.50	1979
15	西双井水库	临城县黑城乡	午河中支	1.50	30	300	19.20	1958
16	侯家韩水库	临城县黑城乡	午河中支	20.00	30	200	16.00	1968
17	石窝铺水库	临城县郝庄镇	泜河北支	2.00	30	300	27.00	1979
18	庄子峪水库	临城县郝庄镇	泜河北支	1.00	30	300	26.00	1979
19	皇迷水库	临城县郝庄镇	泜河北支	1.20	30	200	20.00	1977
20	王家沟水库	内丘县五郭店乡	李阳河北支	1.00	20	300	40.00	1974
21	落凹 1 号水库	内丘县五郭店乡	李阳河北支	1.40	20	300	16.00	1976
22	五郭店水库	内丘县五郭店乡	李阳河北支	9.30	20	300	16.00	1960
23	山凹水库	内丘县五郭店乡	李阳河北支	2.00	30	300	14.00	1976
24	新城水库	内丘县内丘镇	李阳河北支	4.50	20	300	30.00	1957

续表 5-2

序号	水库名称	位置	所在河流	流域控制面积/km²	重现期/a		总库容/万 m³	建成年份
					设计洪水	校核洪水		
25	西邱水库	内丘县内丘镇	李阳河	3.00	20	300	15.00	1976
26	北赛水库	内丘县南赛乡	李阳河北支	3.50	30	200	18.00	1976
27	北李庄水库	内丘县柳林镇	李阳河	2.80	30	300	13.50	1975
28	韩庄 2 号水库	内丘县柳林镇	李阳河	1.00	30	300	12.00	1975
29	虎头山水库	内丘县柳林镇	李阳河	0.80	30	300	11.00	1976
30	韩庄 1 号水库	内丘县柳林镇	李阳河	2.50	30	300	10.00	1958
31	岭头水库	内丘县侯家庄乡	南澧河-沙河	10.00	30	300	25.00	1972
32	朱庄小水库	沙河市綦村镇	南澧河-沙河	5.00	20	200	15.00	1969
33	马峪水库	沙河市柴关乡	马会河	2.10	20	200	33.60	1960
34	盆水水库	沙河市册井乡	马会河	4.00	20	200	61.40	1982
合计				131.3			793.87	

1. 朱庄水库

朱庄水库位于海河流域子牙河水系滏阳河流域沙河干流上，坝址在邢台市沙河市孔庄乡朱庄村西，距邢台市约 35 km，控制流域面积 1 220 km²，总库容 4.162 亿 m³，兴利库容 2.285 亿 m³，调洪库容 2.332 亿 m³，死库容 0.343 亿 m³。设计洪水标准为 100 年一遇，设计洪峰流量 7 710 m³/s；校核洪水标准为 1 000 年一遇，校核洪峰流量 14 280 m³/s。朱庄水库是一座以防洪、灌溉为主，发电为辅的综合利用的大(2)型水利枢纽工程。

朱庄水库枢纽工程由溢流坝、非溢流坝、泄洪底孔、放水洞、发电洞、高低电站及南、北干渠渠首建筑物等组成。大坝为混凝土浆砌石重力坝。溢流坝布置在河床段，全长 111 m，分八、九、十共三个坝段，溢流堰堰顶建闸 6 孔，单孔净宽 14 m，堰顶高程 243.0 m，为克-奥型曲线。非溢流坝布置在两岸，由左岸非溢流坝段和右岸非溢流坝段组成，坝顶全长 544 m，坝顶高程 261.5 m，坝顶宽 6 m。泄洪底孔布设在河床溢流坝段(八、九、十坝块)的 3 个中墩内，共设 3 孔，进口底高程 210.0 m，孔口尺寸为 2.2 m×4 m，底孔下游以曲线段与溢流面平顺衔接。放水洞布置在右岸十二坝块下基岩内，洞身全长 300.68 m，进口底高程 198.2 m，出口底高程 196.86 m，洞身断面为马蹄形，洞径(宽×高)为 1.6 m×1.6 m。发电洞中心桩号为 0+395，进口底高程 212.9 m，洞径 4.1 m，高机组岔管管径 1.5 m，低机组岔管管径 1.75 m，均为压力钢管道。电站为坝后引水式季节性电站，分高低机组，其中高机组装机 2 台，装机容量 2×500 kW，低机组装机 1 台，装机容量 3 200 kW，总装机容量 4 200 kW。南灌渠渠首与电站高机组尾水池和灌溉阀的尾水池相接，北灌渠渠首位于一级消力池末端北边墙外。

朱庄水库死水位为 220.0 m，汛限水位为 243.0 m，正常蓄水位为 251.0 m，设计洪水位为255.78 m,校核洪水位为258.86 m。朱庄水库调度运用方式为:5年一遇以下洪水在与下游洪水错峰前(峰后5 h)不泄,错峰后限泄200 m^3/s,10年一遇洪水限泄700 m^3/s,20年一遇洪水限泄1 300 m^3/s,大于20年一遇洪水不限泄。朱庄水库现状10年一遇洪水放水洞、泄洪底孔泄流能力分别在70 m^3/s和620 m^3/s左右,而10年一遇以下洪水最大限制泄量仅为700 m^3/s,只通过放水洞和泄洪底孔联合运用便可满足水库10年一遇以下洪水泄洪要求,不需开启溢流坝闸门,便于水库调度运用和控泄流量。放水洞参加水库泄洪,能够减轻泄洪底孔的压力,保证最低标准洪水泄流的要求。为避免下游河道干枯断流,可利用放水洞放水,以补偿下游河道生态用水。

朱庄水库的防洪任务是:在确保大坝安全的前提下,保护邢台、沙河、邢台煤矿、邢台电厂、南和、任县、巨鹿、隆尧、宁晋等地的128万人口116.7万亩耕地,以及京广铁路、107国道、京深高速公路等的防洪安全。朱庄水库除险加固后,水库将达到规范要求的1 000年一遇防洪标准。平均每年的有效灌溉面积达23.4万亩。

邢台市有大、中型灌区20处,设计总灌溉面积211.34万亩。其中,大型灌区有2处,中型灌区有18处。

2. 临城水库

临城水库位于子牙河水系滏阳河支流泜河南北支汇流处,坝址坐落在邢台市临城县西竖村西南,距京广铁路、京深高速公路约20 km。控制流域面积384 km^2,总库容1.712 5亿 m^3,兴利库容0.799 7亿 m^3,调洪库容1.225 7亿 m^3,死库容0.118 6亿 m^3。设计洪水标准为100年一遇,校核洪水标准为2 000年一遇。临城水库是一座以防洪为主,结合灌溉、发电、水产养殖等综合利用的大(2)型水利枢纽工程。

水库枢纽工程建筑物主要由大坝、三座溢洪道、泄洪洞、输水洞和电站组成。拦河坝为土坝,由河床段的黏土斜墙坝段和南北滩地两段的均质坝段组成,坝顶高程133.0 m,防浪墙顶高程134.2 m,最大坝高33 m,总长1 428 m;输水洞位于主坝北端,为坝下式单孔混凝土有压圆洞,洞径1.8 m,进口底高程106.3 m,设计最大泄量30 m^3/s;第一溢洪道位于大坝右岸,溢洪道为开敞式实用堰,堰顶高程为125.5 m、宽80 m;泄洪洞设在第一溢洪道堰下,为两孔(3 m×2.5 m)钢筋混凝土有压洞,第一溢洪道设计最大泄量为3 040 m^3/s;第二溢洪道位于第一溢洪道南,为开敞式宽顶堰,堰顶高程128.0 m、堰宽150 m,设计最大泄量1 660 m^3/s;第三溢洪道为开敞式宽顶堰,堰宽80 m、堰顶高程128 m,设计最大泄量为936 m^3/s;电站坐落在大坝左岸坝下。

临城水库死水位为112.0 m,汛限水位为122.0 m,正常蓄水位为125.5 m,设计洪水位为129.37 m,校核洪水位为131.96 m。临城水库调度运用方式为:起调水位122.0 m,10年一遇以下水位(125.04 m)限泄100 m^3/s,大于10年一遇洪水时,全部泄洪设施敞泄。

临城水库经济效益主要为防洪效益。临城水库下游有京广铁路、京广公路、京深高速等重要交通干线及临城、隆尧、内丘等县城。

3. 东石岭水库

东石岭水库位于河北省沙河市东石岭村西南澧河支流渡口川上,控制流域面积169

km^2,水库总库容 6 840 万 m^3,兴利库容 2 541 万 m^3,调洪库容 3 570 万 m^3,死库容 78 万 m^3。设计洪水标准为 100 年一遇,校核洪水标准为 500 年一遇。东石岭水库是一座以防洪为主,结合灌溉、发电、养殖等综合利用的中型水库枢纽工程。

水库枢纽工程主要由浆砌块石重力拱坝、溢流坝、泄洪洞、输水洞、水电站等建筑物组成。拦河坝为单曲重力浆砌石拱坝,坝顶高程 384. 20 m,最大坝高 82. 20 m,坝顶长度 256. 0 m,坝顶宽 8. 0 m。溢流坝位于大坝中部,堰顶高程 378. 0 m,溢流堰面设计采用克-奥型曲线,下游接挑流鼻坎,挑坎高程 348. 0 m,溢流坝段分为 3 孔,总宽 83. 0 m,净宽 72. 0 m,单孔净宽 24. 0 m。下游无消能设施。溢流坝段设有 3 孔空腹式钢筋混凝土拱桥,桥面宽 3. 0 m。泄洪洞位于大坝左岸岩石中,洞身断面为 1. 9 m×1. 9 m,进口底高程 328. 5 m,洞长 200 m,纵坡 1/100,最大泄量 50 m^3/s。输水洞位于大坝右端坝体内,洞身为圆形,直径 1. 2 m,钢筋混凝土结构,进口底高程 334. 0 m。水电站厂房为坝后式布置,位于大坝右端。装机容量 2×320 kW,设计年发电量 156. 7 kW · h。

东石岭水库死水位为 334. 0 m,汛限水位为 370. 0 m,最高蓄水位为 378. 0 m,设计洪水位 382. 25 m,校核洪水位为 383. 99 m。调度运用原则:主汛期(7 月 15 日至 8 月 10 日)水库蓄水位保持在汛限水位 370. 0 m 以下,后汛期(8 月 11 日以后)水库最高蓄水位 378. 0 m。主汛期当库水位超过 370. 0 m 时泄洪洞提闸泄洪,最大泄流量为 50 m^3/s,当库水位达到 378 m 时,泄洪洞、溢流坝同时泄洪。

水库加固完成后,水库的防洪标准由不到 200 年一遇提高到 500 年一遇,平均每年可增加灌溉面积 0. 15 万亩,每年可新增发电量 60 万 kW · h。

4. 野沟门水库

野沟门水库位于河北省邢台县南澧河上游,坝址在邢台县西部山区的野沟门村南,距邢台市 48 km。水库控制流域面积 518 km^2,总库容 5 040 万 m^3,兴利库容 2 569 万 m^3,调洪库容 3 170 万 m^3,死库容 311 万 m^3。设计洪水标准为 100 年一遇,校核洪水标准为 500 年一遇。该库是一座以防洪为主,兼顾灌溉、发电、养殖、旅游等综合利用的中型水库枢纽工程。

水库枢纽由浆砌石坝(溢流、非溢流坝)、泄洪洞和灌溉发电洞组成,拦河坝坝顶长 273 m,中间为长 150 m 的溢流坝段,两端为非溢流重力坝。溢流坝最大坝高 38 m,堰顶高程 398. 0 m,最大泄量 5 360 m^3/s。非溢流段为浆砌石重力坝,为岸坡坝段,右岸长 40. 0 m,最大坝高 40. 5 m,左岸长 83. 0 m,最大坝高 41. 6 m,坝顶高程 405 m。坝顶上游侧设防浪墙,防浪墙顶高程为 406. 2 m。泄洪洞和灌溉发电洞位于左岸非溢流坝段。泄洪洞为圆形断面,直径 2. 5 m,进口底高程 367. 0 m,最大泄量 87 m^3/s。灌溉发电洞为城门洞形断面,宽 1. 44 m,高 1. 60 m,进口底高程 372. 5 m,最大泄量 10 m^3/s。两洞洞身均为钢筋混凝土衬砌。

野沟门水库死水位为 379. 0 m,汛限水位为 393. 0 m,最高蓄水位为 398. 0 m,设计洪水位为 403. 26 m,校核洪水位为 404. 82 m。调度运用方式:主汛限水位(8 月 10 日以前)为 393. 0 m,库水位在 398. 0 m 以下时由泄洪洞泄洪,库水位超过 398. 0 m 时,泄洪洞、溢洪道均参与泄洪。

野沟门水库自 1976 年投入运用以来，曾多次拦蓄洪水，在防洪兴利等方面发挥了重要作用。但经多年运用，工程枢纽建筑物已严重损坏，水库无法正常运行，功能和效益均大幅度降低。只有实施加固后，水库才能恢复正常运行，效益也才能恢复正常。加固前水库无法正常运行，灌溉水量没有保证，实施加固后，50%年灌溉面积为 10.98 万亩。

5. 马河水库

马河水库位于河北省内丘县城西 12 km 处的柳林乡近朗村，是海河流域子牙河水系小马河上游的中型水利枢纽工程，控制流域面积 94 km^2。总库容 2 322 万 m^3，调洪库容 1 145 万 m^3，兴利库容 658 万 m^3，死库容 68 万 m^3。其设计洪水标准为 100 年一遇，校核洪水标准为 1 000 年一遇。设计洪峰流量为 1 480 m^3/s，校核洪峰流量为 2 360 m^3/s。马河水库是一座以防洪为主，结合蓄水、灌溉等综合利用的中型水库枢纽工程。

水库枢纽主要建筑物有拦河坝、溢洪道和放水洞。依据《水利水电工程等级划分及洪水标准》(SL 252—2017)规定，马河水库工程等别为Ⅲ等，主要建筑物(拦河坝、溢洪道、放水洞)为 3 级建筑物。拦河坝由主坝与副坝组成，副坝又分为东副坝、西副坝。其中，东副坝长 270 m，主坝长 180 m，西副坝长 1 100 m。主坝为黏土斜墙坝，最大坝高为 20.1 m，东副坝、西副坝为均质土坝，最大坝高 19.8 m。

溢洪道为开敞式宽顶堰，堰顶高程 130.652 m，堰顶净宽 61.7 m，最大泄量 1 740 m^3/s。

放水洞为拱形浆砌石涵洞，进口底高程 122.35 m，断面尺寸 1.65 m×0.9 m，最大泄量 5 m^3/s。

水库除险加固后不再启用放水洞泄洪，开敞式溢洪道不设闸门，能够满足水库大坝保坝洪水标准和下游防洪安全要求。100 年一遇洪水保下游京广铁路和南水北调中线总干渠，安全泄量为 1 145 m^3/s；30 年一遇洪水保下游河道及农田，安全泄量为 860 m^3/s；调度运用仍以水位控制：

(1)汛期保持库水位在汛限水位 130.652 m 以下。

(2)库水位超过汛限水位 130.652 m，由水库溢洪道自由泄洪。

(3)库水位超过校核洪水位 137.43 m 时，视上游降雨情况，水位继续升高且危及大坝安全时，扒开西副坝泄洪。

(4)非汛期按灌溉要求由放水洞闸门控制放水，最大泄量 5 m^3/s，死水位以下一般不放水，特殊干旱需要放水时，报上级主管部门批准。

水库除险加固工程完成后，提高水库大坝的安全标准，保护着下游京广、京珠等主要交通干线，内丘县城，东庞煤矿及 46 个村镇的生命财产安全。加固后，平均每年可恢复灌溉面积 4 万亩。

6. 乱木水库

乱木水库位于临城县西竖乡乱木村东，泜河支流赛里川上，地理坐标为北纬 37°26′、东经 114°22′，控制流域面积 46 km^2。水库总库容 1 410 万 m^3，兴利库容 540 万 m^3，调洪库容 860 万 m^3，死库容 120 万 m^3，乱木水库的防洪标准为 100 年一遇洪水设计、1 000 年一遇洪水校核，是一座以防洪、灌溉为主，兼顾养殖及林业生态等综合利用的中型水库。

水库枢纽由主、副坝河坝，溢洪道、灌溉放水洞组成。依据《水利水电工程等级划分及洪水标准》(SL 252—2017)，乱木水库工程属Ⅲ等工程，水库大坝、溢洪道和灌溉放水洞为主要建筑物，其级别为3级。主坝和副坝均为均质土坝，主坝最大坝高19.4 m，坝顶高程119.4 m，副坝坝高21.45 m，坝顶高程119.4 m；溢洪道为开敞式驼峰堰形式，堰顶高程112.0 m，堰顶净宽35.6 m，最大泄量1 191 m^3/s；灌溉放水洞为无压拱涵，断面尺寸为1.2 m×1.7 m(宽×高)，过流能力为2.8 m^3/s，洞身长73.15 m。

水库死水位为106.0 m，汛限水位为111.0 m，正常蓄水位为112.0 m，设计洪水位为117.18 m，校核洪水位为118.60 m。

水库调度运用原则：

(1)主汛限水位(8月10日以前)为111.0 m。

(2)库水位在112.0 m以下时，由放水洞泄洪；库水位超过112.0 m时，放水洞、溢洪道均参与泄洪。

水库的建成运用大大改善了当地自然环境，提高了当地群众经济生活水平，促进了当地工业、农业及养殖业(特别是养鱼业)的发展，加固完成后水库年灌溉面积1.5万亩。

5.1.6.2　灌区

邢台市有大、中型灌区20处，设计总灌溉面积211.34万亩。其中，大型灌区有2处、中型灌区有18处。

1. 大型灌区

大型灌区有2处，包括石津灌区和朱野灌区。设计总灌溉面积为97.59万亩。

(1)石津灌区是由河北省管理的一处大型灌区，自黄壁庄水库引水灌溉。1958年石津灌区扩展到宁晋县和新河县，境内受益范围27个乡170个村(其中宁晋县24个乡164个村，新河县3个乡6个村)，设计灌溉面积66.89万亩(其中宁晋县66万亩、新河县8 905亩)。1958年建成后，旱地变水地效益显著，但因渠系布置不合理，不能充分发挥效益，有灌无排，造成次生盐碱化。经过规划，1970~1975年，宁晋县增开排水渠道，有灌有排，并进行灌排田间配套工程及渠道防渗。河北省按35万亩分配给灌溉水量，一般年份实际浇地面积达45万亩，最高浇地效率为每个日流量浇地1 036亩。石津灌区在宁晋县境内有一、三2条干渠；新河县滏阳河以北位于石津灌区一干渠，六、七分干尾段。

(2)朱野灌区的前身朱北、野沟门两灌区大规模施工均开始于20世纪70年代中后期，是以朱庄大(2)型水库和野沟门中型水库为主要水源的大(3)型灌区，设计灌溉面积30.7万亩。灌区位于河北省南部、太行山东麓低丘陵区和山前平原区。西起两水库下游中低山丘陵区，东至京广铁路西侧平原，南、北边界范围以大沙河北岸和白马河南岸为界。

大型灌区指标情况见表5-3。

2. 中型灌区

中型灌区有18处，分别为临城灌区、东石岭灌区、朱庄南灌区、峡沟水库、南李庄灌区、尖冢灌区、乱木灌区、马河灌区、北岭灌区、南焦庄灌区、油坊灌区、唐口灌区、郭屯灌区、大营灌区、丁村灌区、陈窑灌区、赵圈灌区和百泉灌区。设计总灌溉面积为113.75万亩。

中型灌区指标情况见表5-4。

表 5-3　大型灌区指标情况

灌区名称	所在县级行政区	兴建年份	设计灌溉面积/万亩	有效灌溉面积/万亩	水源工程			设计引水流量/(m^3/s)	渠首工程/处	渠道	
					水源地工程名称	取水方式	年供水量/万 m^3			干渠长度/km	支斗渠/条
石津灌区	宁晋县、新河县	1958	66.89	27.99	岗南水库、黄壁庄水库	引水	4 963	20.00	2	101	82
朱野灌区	邢台县	1978	30.70	15.31	朱庄水库、野沟门水库、羊卧湾水库、东川口水库	引水	4 186	14.30	4	98	315

表 5-4　中型灌区指标情况结果

灌区名称	所在县级行政区	兴建年份	设计灌溉面积/万亩	有效灌溉面积/万亩	水源工程			设计引水流量/(m^3/s)	渠首工程/处	渠道	
					水源地工程名称	取水方式	年供水量/万 m^3			干渠长度/km	支斗渠/条
临城灌区	临城县	1965	15.00	1.80	临城水库	引水	750	8.00	1	8.2	111
东石岭灌区	沙河市	1980	7.60	3.00	东石岭水库	引水	1 019	5.50	1	26.78	98
朱庄南灌区	沙河市	1980	13.80	3.30	朱庄水库	引水	1 652	5.50	1	46	189
峡沟水库	沙河市	1958	1.05	0.75	峡沟水库	引水	18	1.20	1	9.8	3
南李庄灌区	清河县	1974	20.00	9.00	南李庄扬水站(卫运河)	提水	1 500	12.00	1	71.3	16
尖冢灌区	临西县	1987	28.00	20.00	尖冢扬水站	提水	9 249	30.00	1	59	7
乱木灌区	临城县	1959	1.50	0.20	乱木水库	引水	54	2.00	1	16	16
马河灌区	内丘县	1960	2.30	1.50	马河水库	引水	251	1.30	1	9.1	103
北岭灌区	内丘县	1958	1.30	1.00	北岭水库	引水	150	0.50	1	5.3	45

续表 5-4

灌区名称	所在县级行政区	兴建年份	设计灌溉面积/万亩	有效灌溉面积/万亩	水源工程			设计引水流量/(m^3/s)	渠首工程/处	渠道	
					水源地工程名称	取水方式	年供水量/万 m^3			干渠长度/km	支斗渠/条
南焦庄灌区	清河县	1973	3.00	2.60	焦庄扬水站(卫运河)	提水	1 281	3.60	1	13	11
油坊灌区	清河县	1970	1.80	1.20	油坊扬水站(卫运河)	提水	427	1.80	1	8.5	10
唐口灌区	清河县	1971	1.60	1.10	唐口扬水站	提水	522	1.60	1	9.4	13
郭屯灌区	清河县	1971	1.50	1.00	郭屯扬水站(卫运河)	提水	522	2.00	1	5	11
大营灌区	临西县	1970	2.50	0.70	大营扬水站	提水	600	1.20	1	8	55
丁村灌区	临西县	1970	2.00	1.08	丁村扬水站(卫运河)	提水	700	3.00	1	8	80
陈窑灌区	临西县	1970	2.00	1.02	陈窑扬水站(卫运河)	提水	450	3.00	1	6	132
赵圈灌区	临西县	1970	4.00	1.05	赵圈扬水站(卫运河)	提水	471	1.80	1	10.5	206
百泉灌区	高开区	1957	4.80	3.60	百泉湖	引水	600	3.00	1	120	215

5.1.6.3　闸涵工程

水闸工程主要是修建在河道、渠道上，具有挡水和调节水位、控制流量的低水头水工建筑物，包括分(泄)洪闸、节制闸、排(退)水闸、引(进)水闸等4类。邢台市主要河流和较大支流上现有小(1)型以上闸涵工程共计65座。其中，中型闸涵22座，小(1)型闸涵41座。中型闸涵工程指标情况见表5-5。

表 5-5　中型闸涵工程指标情况

序号	闸涵名称	所在河渠	结构形式	孔宽×孔数/(m×孔)
1	小马闸	洨沙河	升卧式平面钢闸门	6×5
2	徐家河闸	午河	升卧式平面钢闸门	5×3
3	河头闸	牛尾河	直升式平面钢闸门	4×3
4	史召闸	留垒河	升卧式平面钢闸门	6×3
5	天口闸	留垒河	升卧式平面钢闸门	7×3
6	范庄闸	北澧新河	升卧式平面钢闸门	5.5×4
7	艾辛庄枢纽	滏阳河	直升式平面钢闸门	8×3
8	车张砖闸	滏阳新河	升卧式平面钢闸门	7×3
9	闫庄闸	老漳河	升卧式钢闸门	5.3×7
10	板台闸	老漳河	升卧式钢闸门	5.3×7
11	商店闸	老漳河	升卧式平面钢闸门	8×6
12	挽庄闸	滏东排河	升卧式平面钢闸门	8×7
13	蔡寨闸	老沙河	升卧式平面钢闸门	8.8×4
14	牛寨闸	老沙河	升卧式平面钢闸门	9.2×3
15	张二庄闸	清凉江	升卧式平面钢闸门	8×5
16	台庄闸	西沙河	升卧式平面钢闸门	6×3
17	倪庄闸	威临渠	升卧式平面钢闸门	7×3
18	西小庄闸	威临渠	升卧式平面钢闸门	4.6×5
19	东关闸	丰收渠	升卧式平面钢闸门	6×3
20	郎吕坡闸	新清临渠	开敞式升卧钢闸门	6×5
21	北澧新河节制闸	北澧新河	开敞式钢闸门	8×3
22	陈庄节制闸	老沙河	开敞式平门	8×5

小(1)型闸涵主要包括南石桥拦河闸、生刘庄连桥闸、老澧河节制闸、旧城闸、人民闸、北定闸、曲辛庄闸、马兰闸、千户营闸、枣坨闸、滏左闸、滏右涵闸、耿庄桥闸、邢营东闸、大韩寨闸、西河村节制闸、黄家村节制闸、孙家口涵闸、清北节制闸、商店涵洞、南古城节制闸、祈王庄闸、王小河闸、安庄闸、侯贯闸、马军寨闸、跃进闸、乔屯闸、卢庄节制闸、大关闸、岗楼闸、牛庄闸、引黄左堤涵洞、张宽闸、乔屯北节制闸、申庄节制闸、旧河口节制闸、四干

渠进口闸、东盖村节制闸、茶店闸、西王庄闸。

5.1.6.4 泵站工程

邢台市有中型泵站3座、小(1)型泵站32座、小(2)型泵站22座。

邢台市3座中型泵站分布在滏东排河和漳卫河上,滏东排河上的贾村扬水站灌溉新河县境内农田。卫运河上的南李庄泵站和尖冢泵站分别灌溉清河县和临西县境内农田。表5-6为邢台市中型泵站指标情况。

表5-6 邢台市中型泵站指标情况

序号	泵站名称	位置	所在河流	建成年份	工程任务	装机流量/(m^3/s)	装机功率/kW	设计扬程/m
1	贾村扬水站	新河县荆家庄	滏东排河	1997	灌溉	9.50	1 045	5.4
2	南李庄泵站	清河县油坊镇	卫运河	1982	灌溉	12.00	1 240	15.0
3	尖冢泵站	临西县尖冢镇	卫运河	1973	灌溉	30.00	2 325	5.0

邢台市现有小(1)型泵站32座,主要分布在老漳河、滏东排河、卫运河上,用于沿河两岸的农业灌溉。表5-7为邢台市小(1)型泵站指标情况。表5-8为邢台市小(2)型泵站指标情况。

表5-7 邢台市小(1)型泵站指标情况

序号	泵站名称	位置	所在河流	建成年份	工程任务	装机流量/(m^3/s)	装机功率/kW	设计扬程/m
1	泊里庄扬水站	宁晋县耿庄桥镇	滏阳新河	1979	灌溉	5.00	588	4.0
2	马家台扬水站	宁晋县耿庄桥镇	北澧河	1979	灌溉排水	4.50	588	5.5
3	孟家庄扬水站	宁晋县耿庄桥镇	滏阳新河	1979	灌溉	1.00	150	2.5
4	小河口扬水站	宁晋县东汪镇	北沙河-槐河	1987	灌溉	1.00	147	2.5
5	北鱼扬水站	宁晋县北鱼乡	泜河	1978	灌溉	4.00	520	5.5
6	洪水口(西站)	巨鹿县张王疃乡	老漳河	1992	灌溉	3.00	285	8.0
7	洪水口(东站)苏三扬水站	巨鹿县张王疃乡	老漳河	1992	灌溉	1.50	110	8.0
8	苏三扬水站	巨鹿县苏家营乡	老漳河	2008	灌溉	1.00	110	7.0
9	外神仙扬水站	巨鹿县苏家营乡	老漳河	2002	灌溉	1.00	110	7.0

续表 5-7

序号	泵站名称	位置	所在河流	建成年份	工程任务	装机流量/(m^3/s)	装机功率/kW	设计扬程/m
10	前无尘(2)站	巨鹿县苏家营乡	老漳河	1993	灌溉	0.60	115	7.0
11	高庄扬水站	巨鹿县官亭镇	老漳河	1990	灌溉	1.00	130	7.0
12	六户扬水站	新河县新河镇	滏阳新河	1995	灌溉	1.75	200	5.4
13	挽庄扬水站	新河县新河镇	滏阳新河	2000	灌溉	1.50	200	5.4
14	望腾扬水站	新河县新河镇	滏阳新河	2004	灌溉	1.00	110	8.0
15	新河排涝泵站	新河县新河镇	西沙河	1988	灌溉	1.00	100	5.0
16	仁里扬水站	新河县仁让里乡	滏东排河	1995	灌溉	1.20	130	5.4
17	南陈海扬水站	新河县荆家庄乡	滏东排河	2003	灌溉	2.00	220	8.0
18	仙庄扬水站	新河县荆家庄乡	滏东排河	1987	灌溉	2.00	220	5.4
19	北陈扬水站	新河县荆家庄乡	滏东排河	2001	灌溉	1.28	180	5.4
20	王府扬水站	新河县荆家庄乡	滏东排河	2002	灌溉	1.28	150	5.4
21	西阳扬水站	新河县荆家庄乡	滏东排河	1992	灌溉	1.20	110	8.0
22	西李扬水站	新河县荆家庄乡	滏东排河	1980	灌溉	1.18	180	5.4
23	闫仙扬水站	新河县荆家庄乡	滏东排河	2008	灌溉	1.00	110	5.4
24	白神扬水站	新河县白神首乡	滏东排河	1995	灌溉	1.00	110	5.4
25	焦庄扬水站	清河县油坊镇	卫运河	1970	灌溉	3.60	455	15.0
26	郭屯扬水站	清河县油坊镇	卫运河	1971	灌溉	2.00	240	15.0
27	油坊扬水站	清河县油坊镇	卫运河	1970	灌溉	1.80	240	15.0
28	唐口扬水站	清河县油坊镇	卫运河	1971	灌溉	1.60	240	15.0
29	丁村泵站	临西县河西镇	卫运河	1972	灌溉	1.20	220	5.0
30	汪江泵站	临西县东枣园乡	卫运河	1974	灌溉	1.20	220	5.0
31	大营泵站	临西县大流庄乡	卫运河	1972	灌溉	1.20	220	5.0
32	和生店扬水站	南宫市段芦头镇	清凉江-老沙河	1994	灌溉	4.50	465	7.0
合计						58.09	7 173	

表 5-8　邢台市小(2)型泵站指标情况

序号	泵站名称	位置	所在河流	建成年份	工程任务	装机流量/(m^3/s)	装机功率/kW	设计扬程/m
1	南鱼泵站	隆尧县千户营乡	北澧河	1971	灌溉	1.00	55	5.0
2	郭家庄泵站	隆尧县千户营乡	北澧老河	1974	灌溉	1.00	55	5.0
3	旧城南泵站	隆尧县千户营乡	北澧老河	1977	灌溉	1.00	55	5.0
4	刘通庄泵站	隆尧县千户营乡	北澧河	1965	灌溉	1.00	55	5.0
5	羊毛南泵站	隆尧县千户营乡	北澧河	1968	灌溉	1.00	55	5.0

续表 5-8

序号	泵站名称	位置	所在河流	建成年份	工程任务	装机流量/(m^3/s)	装机功率/kW	设计扬程/m
6	柴城(1)站	巨鹿县闫疃镇	老漳河	1999	灌溉	0.50	55	10.0
7	后无尘(1)站	巨鹿县苏家营乡	老漳河	2002	灌溉	0.80	85	10.0
8	后无尘(2)站	巨鹿县苏家营乡	老漳河	1988	灌溉	0.50	55	7.0
9	苏营二村	巨鹿县苏家营乡	老漳河	2010	灌溉	0.50	55	7.0
10	大田扬水站	新河县新河镇	滏阳河	1990	灌溉	0.60	59	8.0
11	曹庄扬水站	新河县荆家庄乡	滏东排河	2008	灌溉	1.28	90	5.4
12	平头楼扬水站	新河县荆家庄乡	滏阳新河	1985	灌溉	1.20	17	8.0
13	荆家庄(北)	新河县荆家庄乡	滏阳河	1980	灌溉	0.50	55	5.4
14	荆家庄(西)	新河县荆家庄乡	滏阳河	1985	灌溉	0.50	55	5.4
15	来远扬水站	新河县白神首乡	滏阳河	1995	灌溉	0.88	90	5.4
16	孔庄扬水站	沙河市綦村镇	沙河	1983	灌溉	0.11	55	13.0
17	朱庄扬水站	沙河市綦村镇	沙河	1982	灌溉	0.11	55	43.0
18	刘石岗扬水站	沙河市刘石岗乡	渡口川	1980	灌溉	0.14	75	35.0
19	安河扬水站	沙河市刘石岗乡	渡口川	1980	灌溉	0.08	90	86.0
20	御路扬水站	沙河市刘石岗乡	渡口川	1980	灌溉	0.05	75	110.0
21	将军墓扬水站	沙河市刘石岗乡	渡口川	1980	灌溉	0.04	75	68.0
22	功德汪扬水站	沙河市册井乡	马会河	1980	灌溉	0.04	75	80.0
合计						12.83	1 391	

5.1.6.5　邢台市南水北调中线总干渠及配套工程

南水北调中线总干渠工程从丹江口水库引水，从沙河市侯庄村西进入邢台境内，在临城县西渎村东流出邢台，全长 93.3 km，途径沙河市、邢台市桥西区、邢台县、内丘县、临城县 5 个县(市、区)。总干渠邢台市境内共设置 6 个分水口门(依次为赞善、邓庄、南大郭、刘庄、北盘石、黑沙村)，入境设计流量 230 m^3/s，出境设计流量 220 m^3/s，向邢台 23 个供水目标供水，年总供水量 33 335 万 m^3。

1. 邢清干渠工程

邢清干渠工程从总干渠赞善口门引水至清河水厂、南宫水厂(南宫干线)，流经沙河市、邢台市开发区、南和县、平乡县、广宗县、威县、清河县、南宫市共 8 个县(市、区)，共设置 11 个分水口，全长 168.7 km。

2. 水厂以上输水管道工程

水厂以上输水管道工程包括兴泰电厂线、东汪线、市区线、内丘线、临城线、隆华线、宁柏线、沙河市高新区线、沙河市线、沙河市金百家工业区线、南任线、平巨线、广宗线、新河线、威县线、临西线共 16 条输水管线，总长 196.93 km。向邢台地区 23 个供水目标供水，年均总供水量 33 335 万 m^3。

南水北调中线总干渠配套工程水厂以上输水管道情况见表 5-9。

表 5-9　南水北调中线总干渠配套工程水厂以上输水管道情况

项目名称	供水目标	起点至终点	工程规模/(m^3/s)	年均供水量/万 m^3	输水方式	长度/km	箱涵/管道技术指标		
							结构/材质	箱涵断面(管道直径)/mm	设计压力/MPa
宁柏线	柏乡	黑沙村隧洞出口至柏乡分水口	0.89	2 156	管道	12.66	DIP	1 000	0.4~1.2
		柏乡分水口至柏乡水厂	0.19	452	管道	0.34	DIP	400	1
						0.48	DIP	300	
		柏乡分水口至大曹庄分水口	0.72	1 704	管道	19.03	DIP	1 000	0.4~1.2
	宁晋	大曹庄分水口至宁晋水厂	0.57	1 389	管道	9.91	DIP	1 000	
						0.46	DIP	600	1.2
	大曹庄	大曹庄分水口至大曹庄水厂	0.13	315	管道	10.79	DIP	500	1.2
隆华线		黑沙村口门至黑沙村隧洞出口	1.9	4 614	管道	1.42	SP	1 400	1
	隆尧	黑沙村隧洞出口至隆尧水厂	1.01	1 224	管道	2.50	DIP	1 200	1
						20.29	DIP	1 000	1.2
	华龙工业园	隆尧分水口至华龙水厂	0.51	1 234	管道	13.83	DIP	1 000	1.2
临城线	临城	北盘石口门至临城水厂	0.22	539	管道	0.79	DIP	500	1
内丘线	内丘县	刘家庄口门至内丘水厂	0.46	1 125	管道	0.19	DIP	700	0.4
市区线	桥西区	南大郭口门至召马水厂	3.95	10 382	箱涵	0.20	钢筋混凝土	1 500×2 000	
东汪线		邓家庄口门至东汪线箱涵	1.94	4 718	箱涵	0.40	钢筋混凝土	1 500×2 000	
	东汪工业区	东汪线箱涵出口至东汪水厂	1.53	3 718	管道	5.60	DIP	1 400	0.5
						8.31	DIP	1 200	
兴泰电厂线	兴泰电厂	东汪线箱涵分水口至电厂水厂	0.41	1 000	管道	1.37	DIP	700	0.7
沙河市高新区线	沙河市高新区	邢清干渠至沙河市高新区水厂	0.15	355	管道	0.96	DIP	500	0.2

续表 5-9

项目名称	供水目标	起点至终点	工程规模/(m^3/s)	年均供水量/万 m^3	输水方式	长度/km	箱涵/管道技术指标		
							结构/材质	箱涵断面(管道直径)/mm	设计压力/MPa
沙河市线	沙河市区	邢清干渠至沙河市水厂	0. 38	919	管道	0. 40	DIP	450	0. 3
沙河市金百家工业区线	金百家工业区	邢清干渠至金百家水厂	0. 4	963	管道	0. 40	DIP	450	0. 4
南任线	南和县	邢清干渠至南和分水口	0. 43	1 038	管道	13. 22	DIP	800	0. 5
		南和分水口至南和水厂	0. 22	536	管道	0. 55	DIP	400	0. 4
	任县	南和分水口至任县水厂	0. 21	502	管道	7. 84	DIP	700	0. 5
						4. 04	DIP	600	0. 5
平巨线	平乡	邢清干渠至平乡分水口	0. 49	1 168	管道	2. 25	DIP	700	0. 4
		平乡分水口至平乡水厂	0. 24	571	管道	0. 36	DIP	300	0. 4
	巨鹿	平乡分水口至巨鹿水厂	0. 25	597	管道	11. 40	DIP	700	0. 5
						6. 25	DIP	600	0. 5
广宗线	广宗	邢清干渠至广宗水厂	0. 2	496	管道	1. 86	DIP	500	0. 4
						1. 84	DIP	450	0. 4
南宫干线	南宫	邢清干渠至南宫水厂	0. 85	2 240	管道	0			
新河线	新河	南宫干线至新河水厂	0. 14	367	管道	1. 05	DIP	350	0. 4
						15. 15	DIP	500	0. 8
威县线	威县	清河干线至威县水厂	0. 34	829	管道	1. 95	DIP	600	0. 3
						0. 40	DIP	500	0. 3
临西线	临西	清河干线至临西水厂	0. 18	441	管道	18. 44	DIP	800	0. 2
清河干线	清河	清河干线至清河水厂	1. 3	3 141	管道	0			

注：DIP—绝缘耐磨抗氧化合金。

5.1.7　经济发展概况

邢台市农业历史悠久,粮食和经济作物品种繁多,是全国优质粮和棉花生产基地,素有"粮仓棉海"之称。工业发展迅猛,形成了食品医药制造、装备制造、纺织服装、钢铁深加工、新型建材、新能源、煤化工等七大优势产业。截至 2012 年底,邢台市常住人口为 718.86 万,其中城镇常住人口 308.03 万,城镇化率为 42.85%。2012 年全市 GDP 达 1 532.06 亿元,其中第一产业、第二产业及第三产业增加值分别为 240.35 亿元、829.61 亿元、462.10 亿元,对全市 GDP 的贡献率相应为 16%、54%、30%。

5.1.8　水资源概况

5.1.8.1　降水量

依据《邢台市水资源评价报告》,邢台市多年平均降水量 525.1 mm,其中山区年降水量 594.5 mm、平原降水量 497.5 mm。邢台市频率 20%、50%、75%、95%的降水量分别为 656.4 mm、498.8 mm、399.1 mm 和 299.3 mm。

流域分区多年平均降水量以西部山区最大,为 594.5 mm;滏西平原为 503.1 mm;黑龙港为 498.7 mm;滹滏平原最小,为 465.8 mm。

邢台市 18 个县市中,多年平均降水量以邢台县最大,为 587.5 mm;沙河市为 579.5 mm;宁晋县为 482.1 mm;新河县最小,为 458.8 mm。

邢台市降水量具有年内分布非常集中的特点,全年降水量的 80%左右集中在汛期(6~9 月),而汛期降水量又主要集中在 7 月、8 月,甚至更短时间内。特别是一些大水年份,降水更加集中(如獐貘站 1963 年最大 7 d 降水量 2 050.8 mm,占全年降水量的 80.5%;最大 30 d 降水量 2 151.5 mm,占全年降水量的 84.4%)。非汛期 8 个月的降水量仅占全年降水量的 20%左右,而非汛期又以 4 月、5 月、10 月三个月降水量所占比例为大。

5.1.8.2　蒸发能力及干旱指数

依据《邢台市水资源评价报告》,邢台市多年平均水面蒸发量为 1 161.1 mm,其中山区 1 045.8 mm、平原区 1182.7 mm。邢台市水面蒸发的地区分布规律是:平原大于山区,其中山区最大值出现在朱庄水库,为 1 134.0 mm,而平原区最大值出现在平乡,为 1 297.3 mm。水面蒸发的这种分布规律基本与风速、饱和水汽压差及辐射的地区分布规律一致。

邢台市地处暖温带半湿润季风型大陆性气候区,受季风影响,四季分明。水面蒸发受气象因素影响,也有明显的季节变化。其年内分配受各月气温、湿度、风速等综合影响。春季风大,干旱少雨,饱和差大,而雨季一般在 6 月下旬才开始,有时推迟到 7 月,初夏气温高、干热,有利于蒸发,所以流域内 5~6 月蒸发量最大,最大日蒸发量达 10 mm 以上,两个月水面蒸发量约占全年的 1/3;7~9 月虽然气温高,但降雨次数多,空气湿度大,风速小,所以此段时期蒸发量小于 4~6 月的蒸发量,约占全年的 30%;10~11 月气温逐渐降低,蒸发量也随之减少;每年的 1 月和 12 月结冰期气温最低,蒸发量亦最小,日平均蒸发量在 1 mm 左右,两个月的蒸发量仅占全年的 5%左右。

干旱指数(γ)是反映气候干旱程度的指标,以年蒸发能力 E_0(通常用水面蒸发量代替)和年降水量 P 的比值来表示。干旱指数 $\gamma>1.0$,说明年蒸发能力大于年降水量,表明该地区的气候偏于干旱,γ 值越大,干旱程度就越严重;干旱指数 $\gamma<1.0$,说明年蒸发能力小于年降水量,表明该地区气候偏于湿润,γ 越小,气候越湿润。一般认为,干旱指数在 0.5~1 时为湿润区,在 1~3 时为半湿润区,在 3~5 时为半干旱区,在 5~10 时为干旱区,大于 10 时为严重干旱或极端干旱区。邢台市各区干旱指数均为 2.2,属于半湿润区。

5.1.8.3　地表水资源量

依据《邢台市水资源评价报告》,邢台市多年平均地表水资源量为 5.43 亿 m³,折合径流深 43.6 mm。其中,山区 4.51 亿 m³、平原区 0.92 亿 m³。

5.1.8.4　出、入境水量

1. 入境水量

邢台市地处海河流域子牙河水系滏阳河的上中游,主要入境河流有 7 条,分别从周边的邯郸市、石家庄市入境。入境河流在市界以外的总面积 5 181.3 km²(未计卫运河),相当于邢台市总面积的 41.6%。按洺河、留垒河、滏阳河、老漳河、老沙河、北沙河、洨河、卫运河、石津灌区等分别计算入境水量后汇总。根据市界附近有无流量站的情况,分别采用入境站实测年径流量、面积比缩放及借用相邻流域降水产流关系等方法计算相应的入境水量。

依据《邢台市水资源评价报告》,邢台市多年平均入境水量 15.44 亿 m³。其中,以漳卫河最大,平均入境水量 11.30 亿 m³,占全市的 73.2%;其次为滏阳河,平均入境水量 0.93 亿 m³,占全市的 6.0%;再次为洨河,平均入境水量 0.78 亿 m³,占全市的 5.1%。另有引黄入冀、津入境水量 3.00 亿 m³(1993~2000 年引水量)。

2. 出境水量

邢台市主要出境河流有 4 条,本次按滏东排河、滏阳(新)河、老沙河-清凉江和卫运河(边境河流)分别计算各河出境水量。

依据《邢台市水资源评价报告》,邢台市多年平均出境水量 13.58 亿 m³。其中,以卫运河最大,平均出境水量 9.63 亿 m³,占全市的 71.0%;其次是滏阳(新)河,平均出境水量 3.20 亿 m³,占全市的 23.6%。另有引黄入津出境水量 3.90 亿 m³。

5.1.8.5　地下水资源量

1. 地下水的补给

滏西区地下水补给来源主要有:①降水入渗补给,该区包气带岩性颗粒比较粗,隔水层微弱,是降水入渗补给的较优地段;②地表水入渗补给,包括较大灌区的渠系渗漏补给、渠灌田间渗漏补给及河道渗漏补给;③山区地下水侧向补给,滏西区西靠太行山,整个山前地带长 80 余 km,该带内含水层较厚,颗粒粗,且有可溶岩体直接接触,侧补量充沛。

滹滏、黑龙港区的浅层地下水补给来源主要是大气降水入渗补给,地表水入渗、灌溉回归及上游的侧向补给;深层水的补给来源主要靠其上部含水层的越流补给和侧向补给。

2. 地下水径流

滏西平原是地下水径流最活跃的地带,浅层水的流向基本与地形一致即由西向东,坡降也由大变小,至滏阳河一带地下水的水平运动明显减弱。

滹滏区的浅层水在天然状态下径流受地形、地貌及水文地质条件的影响,其流向由山前向平原缓慢流动。近些年地下水开采量逐年加大,人工开采改变了地下水的天然流场,使地下水流场变得更为复杂。在该区,部分乡镇的强开采地段(曹伍町、小枣庄一带)也形成了水位低槽和临时性水位降落漏斗(侯家庄、百尺口一带),从而地下水改变其流向,向漏斗中心或低槽带汇集,形成环状流场。深层水在该区内是从西北向东南流动,径流速度缓慢。

黑龙港区在现代河流影响地带径流条件一般,在远离现代河流及古河道地区,径流条件很差,存在近似条带状封存水。该区浅层淡水径流有随季节变化的特征,高水位期,连通条件较好;低水位期,淡水体之间连通差,径流变缓或停滞。深层水在天然状态下径流受水文地质条件的影响,其流向由西南向东北、由南向北缓慢流动。随着深层水的开发利用,深层水水位降落漏斗正在逐年扩展和加深,目前深层水的径流是由西北、西、西南向水位降落漏斗中心(巨鹿、新河、南宫一带)汇集。

3. 地下水排泄

地下水排泄的主要形式是人工开采,其次为越流。地下水埋深较大时,潜水蒸发量可以不计。

4. 地下水流向

浅层地下水在滏西、滹滏区地下水流在内丘—隆尧以南,以由西、西南向东、东北为主;其北在柏乡县城以南由南向北;在宁晋徐家河一带由东南向西北;在宁晋县城及其以东由东向西,向宁柏隆地下水降落漏斗中心(柏乡固城店一带)汇集。黑龙港区地下水流向的基本趋势为在一定范围内向开采强度较大的南宫垂阳、清河前倪村等地汇集。

深层地下水在滏西区地下水流向,在任县—南和及其以东一带由西向东,在隆尧及其以北由南向北;在滹滏区东部主要是由西北流向东南;黑龙港区地下水流向在新河—巨鹿一带由西、西北向东、东南,在巨鹿—广宗一带由南西向北东,在广宗—清河一带由南向北,各种流向汇合于南宫、新河向东北流向衡水(冀枣衡深层地下水降落漏斗中心)地区,1995年以来,临西县城一带出现了长轴近东西向的深层地下水降落漏斗,其南、北地下水向漏斗中心汇集。

5. 地下水位动态

地下水位的年内变化主要受降水和开采因素的影响,具有明显的季节性变化,即每年均有一个明显的上升过程和下降过程,大致可分为三个时段:①水位下降期,多自3月以后开始下降,5~7月为低水位区,最低水位出现在6月底至7月初,这期间降水稀少,农田灌溉频繁,开采量远远大于补给量,地下水位下降速度较快;②水位回升期,7月进入雨季,降雨补给集中,灌溉减少,水位开始回升,上升速度一般也较快;③10月相对稳定期,由于开采量增加,降水减少,水位上升速度变缓或略有下降。

由于长期过量开发利用地下水,邢台市平原区平均地下水位由 1980 年的 7. 13 m 发展到 2000 年的 18. 79 m,平均年下降速率 0. 56 m/a。

1980 年以来,地下水位下降速率变化分为以下五个大的阶段:

第一阶段为 1980~1990 年,地下水位平均年下降速率为 0. 38 m/a。

第二阶段为 1991~1996 年,地下水位平均年下降速率为 0. 62 m/a。

第三阶段为 1997~2000 年,地下水位平均年下降速率为 0. 36 m/a。太行山前平原区地下水位下降速率明显大于平原区,1980~2000 年,平均下降速率为 0. 87 m/a,20 世纪 90 年代以来平均每年下降 1. 01 m。截至 2000 年,邢台市平原区浅层地下水位降落漏斗面积已达 590 km^2(埋深>30 m),漏斗中心水位埋深 52. 1 m。

第四阶段为 2000~2009 年,截至 2009 年底,宁柏隆(宁晋县、柏乡县、隆尧县)浅层地下水漏斗区面积发展到 2 470 km^2,漏斗中心水位为 63. 82 m(水位-24. 32 m),下降速率达 1. 28 m/a;南(宫)巨(鹿)威(县)深层地下水漏斗区面积为 4 410 km^2,漏斗中心区水位达 85. 28 m(水位-57. 29 m),下降速率达 2. 08 m/a。

第五阶段为 2010~2012 年,根据 3 年的资料统计,宁柏隆浅层漏斗区面积减少了 478 km^2,漏斗区中心水位增加了 2. 33 m;南宫深层地下水漏斗区面积增加了 324 km^2,漏斗区中心水位增加了 3. 21 m。

6. 地下水资源量

平原区地下水的主要补给源为降水入渗补给量,其次为山前侧向径流补给量,二者占地下水资源量的 92. 9%。山丘区地下水资源量中,大部分以河川基流的形式排泄,其次为侧向径流排泄量,二者占地下水资源量的 89. 6%,形成了现状条件下地下水资源的赋存特点。依据《邢台市水资源评价报告》,邢台市地下矿化度(M)小于 1. 0 g/L 的水资源量为 68 259. 8 万 m^3,矿化度小于 2. 0 g/L 的水资源量为 104 326. 3 万 m^3。

5. 1. 8. 6 水资源总量

水资源总量的定义为一定区域当地降水形成的地表和地下产水量。由于地表水和地下水密切联系,又互相转化,所以区域内的水资源总量为地表水资源量与地下水资源量之和减去二者之间的重复量。

邢台市多年平均小于或等于 2 g/L 水资源总量为 13. 54 亿 m^3,折合产水深 108. 7 mm。其中,山区 6. 47 亿 m^3,折合产水深 182. 5 mm;平原 7. 07 亿 m^3,折合产水深 79. 3 mm。

5. 1. 8. 7 水功能区划

依据《河北省水功能区划》(2017 年 12 月),邢台市共有 23 个一级水功能区,全部为开发利用区。二级水功能区 31 个,包括 18 个农业用水区、11 个饮用水源区、2 个过渡区,见表 5-10。

表 5-10　邢台市水功能区划统计结果

河系	一级水功能区名称	二级水功能区名称	起始断面	终止断面
子牙河	滏阳河河北邯郸、邢台、衡水开发利用区	滏阳河邢台农业用水区	宁晋史家嘴	邢台、衡水交界
		滏阳河邢台饮用水源区	邯郸、邢台交界	宁晋史家嘴
	沙河邢台开发利用区	沙河邢台饮用水源区	朱庄水库	朱庄水库
		沙河邢台饮用水源区	河源	朱庄水库
		沙河邢台农业用水区	朱庄水库	任县环水村
		渡口川邢台饮用水源区	河源	入沙河口以上
	洨河河北邢台开发利用区	洨河邢台农业用水区	石家庄、邢台交界	艾辛庄
	宋家庄川邢台开发利用区	宋家庄川邢台饮用水源区	野沟门水库	野沟门水库
	泜河邢台开发利用区	泜河邢台饮用水源区	河源	临城水库
		泜河邢台饮用水源区(库区)	临城水库	临城水库
		泜河邢台农业用水区	临城水库	徐家河
	小马河邢台开发利用区	小马河邢台饮用水源区	马河水库上游	马河水库
		小马河邢台农业用水区	内丘马河水库	任县刘屯
	洺河邢台开发利用区	洺河邢台农业用水区	峡沟水库	邯郸、邢台交界
	洺河邯郸、邢台开发利用区	沙洺河邢台农业用水区	南和丁庄桥	任县环水村
	七里河邢台开发利用区	七里河邢台农业用水区	邢台东川口水库	任县永福庄
	牛尾河邢台开发利用区	牛尾河邢台农业用水区	河源	任县永福庄
	白马河邢台开发利用区	白马河邢台农业用水区	邢台县东青山	任县邢家湾
	李阳河邢台开发利用区	李阳河邢台农业用水区	内丘北岭水库	隆尧西良
	午河邢台开发利用区	午河邢台农业用水区	临城水库	徐家河

续表 5-10

河系	一级水功能区名称	二级水功能区名称	起始断面	终止断面
子牙河	槐河石家庄、邢台开发利用区	槐河邢台农业用水区	石家庄、邢台交界	宁晋小马
	留垒河邯郸、邢台开发利用区	留垒河邢台农业用水区	石家庄、邢台交界	任县环水村
	北澧河邢台开发利用区	北澧河邢台农业用水区	邯郸、邢台交界	宁晋小河口
黑龙港	滏阳新河河北邢台、衡水、沧州开发利用区	滏阳新河邢台农业用水区	艾辛庄	邢台、衡水交界
	滏东排河河北邢台、衡水、沧州开发利用区	滏东排河邢台饮用水源区	新河陈海	邢台、衡水交界
		滏东排河邢台过渡区	宁晋孙家口	新河陈海
	清凉江河北邢台开发利用区	清凉江邢台过渡区	威县常庄	郎吕坡
	小漳河邢台开发利用区	小漳河邢台饮用水源区	平乡周庄	宁晋孙家口
	老漳河邢台开发利用区	老漳河邢台饮用水源区	平乡林儿桥	宁晋孙家口
	西沙河邢台开发利用区	西沙河邢台农业用水区	威县高庙	邢台、衡水交界
	老沙河邯郸、邢台开发利用区	老沙河邢台农业用水区	源头	威县常庄

5.2　核算期及核算内容

5.2.1　核算期

依据邢台市水生态系统特点,结合邢台市水生态系统资产核算基础数据的收集情况,2011 年及 2012 年属枯水年,具有代表性,因此核算期选择 2011 年及 2012 年。

5.2.2　核算内容

核算内容包括两部分:一是水生态系统资产存量及变动表,二是水生态系统资产负债表。水生态系统资产存量及变动表对实物量进行核算,水生态系统资产负债表对实物量和价值量进行核算。以邢台市为例,结合邢台市水生态系统特点,确定核算指标体系包括供给功能、调节功能、文化功能 3 大类 11 亚类核算指标。采用本书所述方法编制邢台市水生态系统资产存量及变动表、邢台市水生态系统资产负债表。

5.3　研究区水生态系统资产存量及变动研究

5.3.1　供给功能资产存量及变动研究

5.3.1.1　水资源供给功能

1. 期初存量

地表水期初存量:邢台市地表水资源主要包括水库、湖泊及河流等水体所蕴含的水量。水库期初存量依据《邢台市水资源公报(2011 年)》公布的水库蓄水量数据进行填报,即上一个核算期水库蓄水量作为本核算期水库期初存量,2011 年水库蓄水量期初存量等于 2010 年水库蓄水量,以此类推。河流蕴含水量与水资源总存量相比往往很小,本书不对河流蕴含水量进行填报。邢台市的湖泊常年积水面积均小于 1 km^2,不再计算湖泊蕴含水量。

地下水期初存量:将第一个核算期的地下水期初存量设定为零。

2. 降水形成的水资源

依据前述计算方法,结合《邢台市水资源公报(2011 年)》基础数据,分别对降水形成的地表水资源和降水形成的地下水资源进行填报。

降水形成的地表水资源等于河川径流量与河川基流量之差。2011 年河川径流量为 2.510 亿 m^3,河川基流量为 0.001 亿 m^3,故 2011 年邢台市由降水形成的地表水资源为 2.509 亿 m^3。

邢台市所处水文地质单元包含山丘区及平原区,故其降水形成的地下水资源等于山丘区与平原区地下水资源量之和减去二者之间的重复计算量。2011 年邢台市山丘区地下水资源量为 1.272 亿 m^3,平原区地下水资源量为 3.230 亿 m^3,二者重复计算量为 0.384 亿 m^3,故 2011 年邢台市由降水形成的地下水资源量为 4.118 亿 m^3。

3. 非常规水资源量

邢台市非常规地表水资源主要为再生水，即生活污水和工业废水经处理回收再利用的水，2011 年邢台市非常规地表水资源量为 0.199 亿 m^3。邢台市非常规地下水资源在本书指的是深层地下水资源，其数值为 6.384 亿 m^3。

4. 流入量

流入量包括区域外流入量、人工调入量及区域内其他水体流入量。

（1）区域外流入量包括地表水和地下水的流入量，本书在计算时考虑到区域间地下水交换较复杂且数据可获取性低等因素，不填报地下水流入量数据。地表水流入量即入境水量，2011 年邢台市入境水量为 3.112 亿 m^3。

（2）人工调入量：2011 年邢台市人工调入量为 3.686 亿 m^3，其中卫河调水工程调入量 0.670 亿 m^3、石津灌区引水工程调入量 0.298 亿 m^3、引黄工程调入量 2.718 亿 m^3。

（3）区域内其他水体流入量：本区域内地下水体向地表水体流入量为河川基流量，其值为 0.001 亿 m^3；本区域地表水体向地下水体流入量为地表水水体向地下水体的入渗补给量，其值为 0.014 亿 m^3。

5. 回归水量

回归水量包括灌溉回归水和非灌溉回归水。灌溉回归水分为地表水灌溉和地下水灌溉回归的水量。2011 年邢台市农业全部采用地下水进行灌溉，故灌溉回归地表水资源量为 0；灌溉回归地下水资源量为 0.024 亿 m^3。非灌溉回归水为废污水排放量，其值为 1.095 亿 m^3。因此，回归地表水资源量为 1.095 亿 m^3，回归地下水资源量为 0.024 亿 m^3。

6. 经济体取水量

依据《邢台市水资源公报（2011～2012 年）》统计数据进行填报，2011 年经济体取水量 17.742 亿 m^3，其中地表水取水量 2.488 亿 m^3，地下水取水量 15.254 亿 m^3。2012 年经济体取水量 18.130 亿 m^3，其中地表水取水量为 3.600 亿 m^3、地下水取水量为 14.530 亿 m^3。

7. 流出量

流出量包括向外区域流出量、人工调出量及向区域内其他水体流出量。邢台市处于内陆地区，向外区域流出量包括地表水流出量与地下水流出量之和。向外区域流出地表水量即为出境水量，其值为 4.054 亿 m^3；向外区域流出地下水量不予填报。经统计，2011 年邢台市人工调出地表水量为 0，人工调出地下水量不予填报。地表水体向区域内地下水体流出量在数值上等于地下水体向区域内地表水体流入量，其值为 0.014 亿 m^3；地下水体向区域内地表水体流出量在数值上等于地表水体向区域内地下水体流入量，其值为 0.001 亿 m^3。

8. 生态耗水量

该指标在现有监测技术水平下无法通过正向计算得到，其作为平衡项进行计算。

9. 期末存量

地表水期末存量以本核算期水库年末蓄水量作为本核算期的期末存量进行填报。地下水期末存量依据平衡关系式“期末存量=期初存量+存量增减-存量减少”计算得到。

邢台市 2011 年、2012 年水资源供给功能资产存量及变动表分别见表 5-11 及表 5-12。

表5-11 邢台市2011年水资源供给功能资产存量及变动表 单位:亿 m^3

指标名称	地表水	地下水	合计
期初存量	1.575	0	1.575
存量增加			
降水形成的水资源	2.509	4.118	6.627
非常规水资源量	0.199	6.384	6.583
流入量	6.799	0.014	6.813
区域外流入量	3.112	0	3.112
人工调入量	3.686		3.686
区域内其他水体流入量	0.001	0.014	0.015
回归水量	1.095	0.024	1.119
小计	10.602	10.540	21.142
存量减少			
经济体取水量	2.488	15.254	17.742
居民生活用水	1.409	0.385	1.794
工业用水	0.965	1.024	1.989
农业用水	0	13.845	13.845
河道外生态环境用水	0.114	0	0.114
流出量	4.068	0.001	4.069
向外区域流出量(入海水量)	4.054	0	4.054
人工调出量	0		0
向区域内其他水体流出量	0.014	0.001	0.015
河道内生态耗水量	3.487		3.487
小计	10.043	15.255	25.298
期末存量	2.134	-4.715	-2.581

表 5-12 邢台市 2012 年水资源供给功能资产存量及变动表 单位:亿 m^3

指标名称	地表水	地下水	合计
期初存量	2. 134	-4. 715	-2. 581
存量增加			
降水形成的水资源	2. 777	5. 133	7. 910
非常规水资源量	0. 110	5. 920	6. 030
流入量	5. 179	0. 017	5. 196
区域外流入量	2. 723	0	2. 723
人工调入量	2. 453		2. 453
区域内其他水体流入量	0. 003	0. 017	0. 020
回归水量	0. 876	0. 019	0. 895
小计	8. 942	11. 089	20. 031
存量减少			
经济体取水量	3. 600	14. 530	18. 130
居民生活用水	1. 140	0. 590	1. 730
工业用水	1. 940	0	1. 940
农业用水	0	13. 940	13. 940
河道外生态环境用水	0. 520	0	0. 520
流出量	3. 847	0. 003	3. 850
向外区域流出量(入海水量)	3. 830	0	3. 830
人工调出量	0		0
向区域内其他水体流出量	0. 017	0. 003	0. 020
河道内生态耗水量	1. 626	0	1. 626
小计	9. 073	14. 533	23. 606
期末存量	2. 003	-8. 159	-6. 156

5. 3. 1. 2 水能资源供给功能

1. 期初存量

期初存量采用式(3-7)计算,将上一个核算期的期末存量作为本核算期的期初存量,即将 2010 年的年末存量作为 2011 年的年初存量。经计算,2010 年水能资源年末存量为

2.37 亿 kW·h,即 2011 年期初存量。2011 年水能资源年末存量为 2.48 亿 kW·h,即 2012 年期初存量。

2. 存量增加

计算各河流平均流量的增加量,然后采用式(3-7)计算水能资源增加量,则 2011 年水能资源存量增加量为 0.45 亿 kW·h,2012 年增加量为 2.08 亿 kW·h。

3. 存量减少

已发电量表示经济体所耗用的水能资源量,查阅《邢台统计年鉴》可得相关数据。2011 年已发电量为 0.34 亿 kW·h,2012 年已发电量为 0.43 亿 kW·h。

4. 期末存量

依据平衡关系式"期末存量=期初存量+存量增加-存量减少"进行计算。

邢台市 2011 年、2012 年水能资源供给功能资产存量及变动表分别见表 5-13 及表 5-14。

表 5-13 邢台市 2011 年水能资源供给功能资产存量及变动表 单位:亿 kW·h

指标名称	水力发电总量
期初存量	2.37
存量增加	
河段平均流量变大	0.45
小计	0.45
存量减少	
已发电量	0.34
河段平均流量变小	
小计	0.34
期末存量	2.48

表 5-14 邢台市 2012 年水能资源供给功能资产存量及变动表 单位:亿 kW·h

指标名称	水力发电总量
期初存量	2.48
存量增加	
河段平均流量变大	2.08
小计	2.08
存量减少	

续表 5-14

指标名称	水力发电总量
已发电量	0.43
河段平均流量变小	
小计	0.43
期末存量	4.13

5.3.1.3 水产品供给功能

1. 期初存量

期初存量按照式(3-8)计算。以上一个核算期年均水域面积乘以水产品丰度作为本核算期期初存量。通过解译邢台市 2010 年 1~12 月的遥感影像,求得 2010 年年均水域面积值为 40.95 km^2。依据调查统计结果,邢台市水生态系统水产品丰度按照 75 t/km^2 计,鱼类、虾蟹类、其他水产品产量比例为 97:2:1,则计算得到 2010 年水产品总量为 3 071 t,鱼类、虾蟹类及其他水产品产量相应为 2 979 t、61 t 及 31 t,将 2010 年水产品产量数据填报至 2011 年期初存量相应位置。采用同样的方法计算 2012 年期初存量。

2. 存量增加与存量减少

存量增加包括人工养殖量、自然增长量及外区域游入量。存量减少包括捕捞量、自然死亡量及向外区域游出量。

(1)人工养殖量、捕捞量两项数据可通过查询《邢台统计年鉴(2012~2013 年)》得到。2011 年人工养殖量、捕捞量分别为 3 694 t、4 922 t;2012 年分别为 4 809 t、6 643 t。

(2)自然增长量和自然死亡量可以采用逻辑斯蒂模型和应用实际种群分析方法计算得到。由于监测数据难以获取,无法应用逻辑斯蒂模型和实际种群分析方法进行计算。因此,本书依据"期末存量=期初存量+存量增加-存量减少"平衡关系式逆向推求自然增长量及自然死亡量。其中,期初存量、期末存量、人工养殖量、捕捞量、外区域游入量及向外区域游出量均为已知量,则"自然增长量+自然死亡量=期末存量+向外区域游出量+捕捞量-期初存量-外区域游入量-人工养殖量"。若此值为正,则将该数值填入自然增长量相应位置,自然死亡量为 0;反之,则将该数值填入自然死亡量相应位置,自然增长量为 0。

(3)外区域游入量及向外区域游出量数据难以获取,不填报。

3. 期末存量

采用式(3-8),以本核算期年均水域面积乘以水产品丰度作为本核算期水产品期末存量。2011 年均水域面积 60.05 km^2,水产品丰度按照 75 t/km^2 计,鱼类、虾蟹类、其他水产品产量比例为 97:2:1,则 2011 年水产品总量为 4 504 t,鱼类、虾蟹类及其他水产品产量相应为 4 369 t、90 t 及 45 t,将以上数据填报至 2011 年核算期期末存量相应位置。采用同样的方法计算 2012 年期末存量数据。

邢台市 2011 年、2012 年水产品供给功能资产存量及变动表分别见表 5-15 及表 5-16。

表 5-15　邢台市 2011 年水产品供给功能资产存量及变动表　单位:t

指标名称	鱼类	虾蟹类	其他水产品	合计
期初存量	2 979	61	31	3 071
存量增加				
人工养殖量	3 636	0	58	3 694
自然增长量	2 609	38	14	2 661
外区域游入量				
小计	6 245	38	72	6 355
存量减少				
捕捞量	4 855	9	58	4 922
野生捕捞量	1 219	9		1 228
养殖捕捞量	3 636		58	3 694
自然死亡量				0
向外区域游出量				
小计	4 855	9	58	4 922
期末存量	4 369	90	45	4 504

表 5-16　邢台市 2012 年水产品供给功能资产存量及变动表　单位:t

指标名称	鱼类	虾蟹类	其他水产品	合计
期初存量	4 369	90	45	4 504
存量增加				
人工养殖量	4 724	0	85	4 809
自然增长量	3 560	55	18	3 633
外区域游入量				
小计	8 284	55	103	8 442
存量减少				
捕捞量	6 539	19	85	6 643
野生捕捞量	1 815	19		1 834
养殖捕捞量	4 724		85	4 809
自然死亡量				0
向外区域游出量				
小计	6 539	19	85	6 643
期末存量	6 114	126	63	6 303

5.3.2　调节功能资产存量及变动研究

5.3.2.1　水源涵养功能

1. 期初存量

期初存量包括水库、湖泊及湿地三类水体的年均蓄水量。

(1)水库蓄水量依据水库逐月来水数据及逐月用水数据进行兴利调节计算得到。上一个核算期的年均蓄水量作为本核算期蓄水量的期初存量。经计算,2010 年水库年均蓄水量为 26 631.94 万 m^3,将此数值作为 2011 年核算期期初存量;2011 年水库年均蓄水量为 32 862.26 万 m^3,此值即为 2012 年核算期期初存量。

(2)邢台市常年积水面积大于 1 km^2 的湖泊共计 0 个,不再计算。

(3)本核算期湿地蓄水量的期初存量以上一个核算期湿地的年均积水深度与上一个核算期的年均水域面积相乘得到。襄湖岛湿地公园 2010 年年均积水深度为 3.5 m,2010 年年均水域面积为 0.384 km^2,2010 年年均蓄水量为 134.40 万 m^3,则 2011 年期初存量 134.40 万 m^3。2012 年核算期期初存量为 130.20 万 m^3。

2. 存量增加

存量增加的影响因素有降水形成的地表径流及人工调水、新建水库、退耕还湖、湿地扩大。

(1)降水形成的地表径流及人工调水增加量:经兴利调节计算,2010 年水库年均蓄水量为 26 631.94 万 m^3,2011 年水库年均蓄水量为 32 862.26 万 m^3,二者差值为 6 230.32 万 m^3,将该值填报至相应列。采用同样的方法计算 2012 年降水形成的地表径流及人工调水增加量,其值为 6 191.17 万 m^3。

(2)新建水库:2011 年及 2012 年邢台市没有新建水库,该项不再列入。

(3)退耕还湖:邢台市湖泊常年积水面积均小于 1 km^2,该项不再列入。

(4)湿地扩大:邢台市有一处湿地——襄湖岛湿地公园,2011 年该湿地水域为 0.37 km^2,2012 年为 0.55 km^2,2011~2012 年最大水位变幅以 3.50 m 计,则 2012 年湿地扩大导致的蓄水增加量为 60.90 万 m^3。

3. 存量减少

存量减少的影响因素有降水形成的地表径流及人工调水、水库泥沙淤积、围湖造田、湿地退化。

(1)降水形成的地表径流及人工调水减少量:计算方法同降水形成的地表径流及人工调水增加量。2011 年该项增加量为 6 230.32 万 m^3,故该项减少量不再填报。同理,2012 年不进行填报。

(2)水库泥沙淤积:由于数据缺乏,难以计算,不填报。

(3)围湖造田:邢台市的湖泊常年积水面积均小于 1 km^2,不填报。

(4)湿地退化:2010 年该湿地水域面积为 0.38 km^2,2011 年为 0.37 km^2;2010~2011 年最大水位变幅以 3.5 m 计,则 2011 年湿地退化导致的蓄水减少量为 4.20 万 m^3。

邢台市 2011 年、2012 年水源涵养功能资产存量及变动表分别见表 5-17 及表 5-18。

表 5-17　邢台市 2011 年水源涵养功能资产存量及变动表　单位：万 m^3

指标名称	水库	湿地	合计
期初存量	26 631.94	134.40	26 766.34
存量增加			
降水形成的地表径流增加	6 230.32		
人工调水增加			
湿地扩大			
小计	6 230.32		6 230.32
存量减少			
降水形成的地表径流减少			
人工调水减少			
湿地退化		4.20	
小计		4.20	4.20
期末存量	32 862.26	130.20	32 992.46

表 5-18　邢台市 2012 年水源涵养功能资产存量及变动表　单位：万 m^3

指标名称	水库	湿地	合计
期初存量	32 862.26	130.20	32 992.46
存量增加			
降水形成的地表径流增加	6 191.17		
人工调水增加			
湿地扩大		60.90	
小计	6 191.17	60.90	6 252.07
存量减少			
降水形成的地表径流减少			
人工调水减少			
湿地退化			
小计			
期末存量	39 053.43	191.10	39 244.53

5.3.2.2　洪水调节功能

结合邢台市水生态系统特点，只考虑水库水体的调节洪水量。

1. 期初存量

计算水库年调节洪水量，由各次洪水调节量相加得到。次洪水调节量由该次洪水起始水位与最高水位之差，并查询水库水位-库容关系曲线得到。以上一个核算期的水库调节洪水量作为本核算期的期初存量。计算 2010 年大中型水库的次洪水调节量，各次洪水调节量相加得到水库年洪水调节量为 1.35 亿 m^3，则 2011 年洪水调节服务期初存量为 1.35 亿 m^3。2011 年水库调节洪水量为 1.62 亿 m^3，则 2012 年期初存量为 1.62 亿 m^3。

2. 期末存量

本核算期水库各次洪水调节量相加得到本核算期水库年调节洪水量，将其作为本核算期洪水调节功能的期末存量。经计算，2011 年水库调节洪水量为 1.62 亿 m^3，则 2011 年洪水调节功能期末存量为 1.62 亿 m^3。同理，2012 年期末存量为 1.69 亿 m^3。

3. 存量增加及存量减少

依据平衡关系式"期末存量=期初存量+存量增加-存量减少"逆向计算，即"存量变化量=期末存量-期初存量"，若该变化量为正，则填报至存量增加列；否则，填报至存量减少列。

邢台市 2011 年、2012 年洪水调节功能资产存量及变动表分别见表 5-19 及表 5-20。

表 5-19　邢台市 2011 年洪水调节功能资产存量及变动表　　单位：亿 m^3

指标名称	水库
期初存量	1.35
存量增加	0.27
存量减少	0
期末存量	1.62

表 5-20　邢台市 2012 年洪水调节功能资产存量及变动表　　单位：亿 m^3

指标名称	水库
期初存量	1.62
存量增加	0.07
存量减少	0
期末存量	1.69

5.3.2.3　水质净化功能

1. 期初存量和期末存量

对邢台市水功能区及湿地纳污能力进行计算。以上一个核算期纳污能力作为本核算期纳污能力的期初存量，以本核算期相关数据计算得到的纳污能力数据作为本核算期纳污能力的期末存量。

1）水功能区纳污能力计算

邢台市共有23个一级水功能区，全部为开发利用区；二级水功能区31个，包括18个农业用水区、11个饮用水源区、2个过渡区。

（1）饮用水源区：按照《饮用水水源保护区污染防治管理规定》禁止向水域排放污水的规定，以零计。

（2）缓冲区：邢台市水功能区中无缓冲区，不再计算。

（3）农业用水区和过渡区，按照式（3-9）计算纳污能力。2010年邢台市水功能区COD（化学需氧量）和氨氮的纳污能力分别为4 856.35 t/a、335.89 t/a，2011年COD和氨氮的纳污能力分别为4 137.93 t/a、252.40 t/a，2012年COD和氨氮的纳污能力分别为3 480.24 t/a、175.41 t/a。计算结果见表5-21。

2）湿地纳污能力计算

参考相邻地区湿地对污染物去除率现有研究成果，确定襄湖岛湿地对氨氮和COD的去除量分别为15.2 mg/L、42.5 mg/L。2010~2012年湿地年均蓄水量分别为134.40万m^3、130.20万m^3、191.10万m^3。2010~2012年湿地氨氮纳污能力分别为20.43 t/a、19.79 t/a、29.05 t/a；2010~2012年湿地COD纳污能力分别为57.12 t/a、55.33 t/a、81.21 t/a。

2. 存量增加及存量减少

由于难以获取流量变化或者废污水排放量变化导致的存量增加或减少的贡献率，故本书在计算存量变化量时不再区分因流量或者废污水排放量因素而引起的变化量。依据平衡关系式"期末存量=期初存量+存量增加-存量减少"，采用逆向计算思路，即"存量变化量=期末存量-期初存量"，若变化量为正值，则将该数值填于存量增加相应位置，反之则填于存量减少相应位置。

邢台市2011年、2012年水质净化功能资产存量及变动表分别见表5-22及表5-23。

5.3.2.4 气候调节功能

气候调节功能以水面蒸发所增加空气湿度和降低温度过程消耗的电量表征。首先计算年均水面蒸发量，其次计算因水面蒸发过程增加空气湿度及降低温度所消耗的电量。增加空气湿度所消耗电量以使用加湿器消耗的电量表征，水面蒸发降低温度以空调制冷消耗的电量表征。

1. 期初存量

上一个核算期的期末存量作为本核算期的期初存量，采用式（3-10）计算水面蒸发量。

1）水面蒸发量计算

水面蒸发深度采用算术平均法计算，共分析了邢台市15处气象站提供的直径为20 cm的蒸发皿蒸发深度数据。经计算，邢台市2010~2012年年均水面蒸发深度分别为1 574.22 mm、1 549.17 mm、1 506.41 mm。

水域面积采用遥感影像解译得到。解译邢台市2010~2012年1~12月的遥感影像，则2010~2012年年均水域面积分别为40.94 km^2、60.05 km^2、84.05 km^2。

表 5-21 邢台市水功能区纳污能力计算成果

单位:t/a

河系	一级水功能区名称	二级水功能区名称	2010 年		2011 年		2012 年	
			氨氮	COD	氨氮	COD	氨氮	COD
子牙河	滏阳河河北邯郸、邢台、衡水开发利用区	滏阳河邢台农业用水区	72.66	882.06	68.52	873.79	68.52	873.79
		滏阳河邢台饮用水源区	0	0	0	0	0	0
	沙河邢台开发利用区	沙河邢台饮用水源区	0	0	0	0	0	0
		沙河邢台饮用水源区	0	0	0	0	0	0
		沙河邢台农业用水区	22.58	859.84	16.29	529.90	10.00	199.96
		渡口川邢台饮用水源区	0	0	0	0	0	0
	洨河河北邢台开发利用区	洨河邢台农业用水区	1.68	25.27	1.50	21.49	1.33	17.70
	宋家庄川邢台开发利用区	宋家庄川邢台饮用水源区	0	0	0	0	0	0
	泜河邢台开发利用区	泜河邢台饮用水源区	0	0	0	0	0	0
		泜河邢台饮用水源区(库区)	0	0	0	0	0	0
		泜河邢台农业用水区	32.35	105.04	16.87	87.09	1.38	69.14
	小马河邢台开发利用区	小马河邢台饮用水源区	0	0	0	0	0	0
		小马河邢台农业用水区	0.15	3.15	0.15	3.15	0.15	3.15
	洺河邢台开发利用区	洺河邢台农业用水区	0	0	0	0	0	0
	洺河邯郸、邢台开发利用区	沙洺河邢台农业用水区	0	1.04	0	1.04	0	1.04
	七里河邢台开发利用区	七里河邢台农业用水区	1.08	476.83	1.04	471.02	0.99	465.20
	牛尾河邢台开发利用区	牛尾河邢台农业用水区	194.22	2 295.36	141.25	2 030.44	88.28	1 765.63
	白马河邢台开发利用区	白马河邢台农业用水区	0.36	5.54	0.31	5.47	0.31	5.47
	李阳河邢台开发利用区	李阳河邢台农业用水区	0.62	8.10	0.33	6.58	0.33	6.58
	午河邢台开发利用区	午河邢台农业用水区	4.18	98.57	2.84	64.22	1.49	29.87
	槐河石家庄、邢台开发利用区	槐河邢台农业用水区	0	0	0	0	0	0
	留垒河邯郸、邢台开发利用区	留垒河邢台农业用水区	1.96	33.33	0.53	10.43	0.53	10.43
	北澧河邢台开发利用区	北澧河邢台农业用水区	0.61	5.17	0.42	4.93	0.24	4.70
黑龙港	滏阳新河河北邢台、衡水、沧州开发利用区	滏阳新河邢台农业用水区	0.70	1.03	0.70	1.03	0.70	1.03
	滏东排河河北邢台、衡水、沧州开发利用区	滏东排河邢台饮用水源区	0	0	0	0	0	0
		滏东排河邢台过渡区	0	0.08	0	0	0	0
	清凉江河北邢台开发利用区	清凉江邢台过渡区	1.30	12.40	0.82	11.61	0.36	10.82
	小漳河邢台开发利用区	小漳河邢台饮用水源区	0	0	0	0	0	0
	老漳河邢台开发利用区	老漳河邢台饮用水源区	0	0	0	0	0	0
	西沙河邢台开发利用区	西沙河邢台农业用水区	0.04	0.50	0.04	0.50	0.03	0.49
	老沙河邯郸、邢台开发利用区	老沙河邢台农业用水区	1.40	43.04	0.76	15.24	0.76	15.24
合计			335.89	4 856.35	252.37	4 137.93	175.40	3 480.24

表 5-22　邢台市 2011 年水质净化功能资产存量及变动表　单位:t/a

指标名称	水功能区		湿地		小计		合计
	氨氮	COD	氨氮	COD	氨氮	COD	
期初存量	335.89	4 856.35	20.43	57.12	356.32	4 913.47	5 269.79
存量增加							
存量减少	83.49	718.41	0.64	1.79	84.13	720.2	804.33
期末存量	252.40	4 137.94	19.79	55.33	272.19	4 193.27	4 465.46

表 5-23　邢台市 2012 年水质净化功能资产存量及变动表　单位:t/a

指标名称	水功能区		湿地		小计		合计
	氨氮	COD	氨氮	COD	氨氮	COD	
期初存量	252.40	4 137.94	19.79	55.33	272.19	4 193.27	4 465.46
存量增加			9.26	25.88	9.26	25.88	35.14
存量减少	76.99	657.7			76.99	657.7	734.69
期末存量	175.41	3 480.24	29.05	81.21	204.46	3 561.45	3 765.91

经计算,2010~2012 年蒸发量分别为 6 445.96 万 m^3、9 302.94 万 m^3、12 660.59 万 m^3。

2)所消耗电量计算

以水面蒸发量为基础数据,依据使用加湿器消耗的电量及空调制冷消耗的电量计算方法计算所消耗的电量,则 2011 年及 2012 年消耗电量的期初存量相应为 199.60 亿 kW · h、288.07 亿 kW · h。

2. 存量增加及存量减少

1)水面蒸发量计算

采用式(3-11)计算水面蒸发变化量。2011 年,水面蒸发深度减少量为 25.05 mm,水库、河流、湖泊年均水域面积增加量分别为 13.85 km^2、5.09 km^2、0.17 km^2;湿地年均水域面积减少量为 0.01 km^2,则由水面蒸发深度减少引起的水面蒸发减少量合计为 102.56 万 m^3,由年均水域面积增加导致的水面蒸发增加量合计为 2 961.40 万 m^3,由年均水域面积减少导致的水面蒸发减少量合计为 1.86 万 m^3,2011 年蒸发量总增加量为 2 856.98 万 m^3。采用同样的方法计算 2012 年存量增加及存量减少项,2012 年蒸发总增加量为 3 357.65 万 m^3。

2)所消耗电量变化量

以水面蒸发变化量为基础数据,依据使用加湿器消耗的电量及空调制冷消耗的电量计算方法,计算所消耗电量的变化量。2011 年蒸发总增加量为 2 856.98 万 m^3,则其所消耗电量的总增加量为 88.47 亿 kW · h。采用同样的方法计算 2012 年所消耗电量的变化量,则 2012 年所消耗电量的总增加量为 103.97 亿 kW·h。

3. 期末存量

依据平衡关系式"期末存量=期初存量+存量增加-存量减少"计算,2011 年水面蒸发量期末存量为 9 302.94 万 m^3,所消耗电量为 288.07 亿 kW·h。2012 年水面蒸发量期末存量为 12 660.59 万 m^3,所消耗电量为 392.04 亿 kW·h。

邢台市 2011~2012 年气候调节功能资产存量及变动表见表 5-24~表 5-27。

表 5-24 邢台市 2011 年年均水面蒸发量存量及变动表 单位:万 m^3

指标名称	水库	河流	湖泊	湿地	合计
期初存量	5 494.81	836.86	53.84	60.45	6 445.96
存量增加					
蒸发深度增加					0
水域面积增加	2 146.22	789.15	26.03		2 961.40
小计	2 146.22	789.15	26.03		2 961.40
存量减少					
蒸发深度减少	87.43	13.31	0.86	0.96	102.56
水域面积减少				1.86	1.86
小计	87.43	13.31	0.86	2.82	104.42
期末存量	7 553.60	1 612.70	79.01	57.63	9 302.94

表 5-25 邢台市 2011 年气候调节功能资产存量及变动表 单位:亿 kW·h

指标名称	水库	河流	湖泊	湿地	合计
期初存量	170.15	25.91	1.67	1.87	199.60
存量增加					
蒸发深度增加					
水域面积增加	66.46	24.44	0.81	0	91.71
小计	66.46	24.44	0.81	0	91.71
存量减少					
蒸发深度减少	2.71	0.41	0.03	0.03	3.18
水域面积减少				0.06	0.06
小计	2.71	0.41	0.03	0.09	3.24
期末存量	233.90	49.94	2.45	1.78	288.07

表 5-26　邢台市 2012 年年均水面蒸发量存量及变动表　单位:万 m^3

指标名称	水库	河流	湖泊	湿地	合计
期初存量	7 553.60	1 612.70	79.01	57.63	9 302.94
存量增加					
蒸发深度增加					
水域面积增加	1 631.44	1 927.90	28.92	26.21	3 614.47
小计	1 631.44	1 927.90	28.92	26.21	3 614.47
存量减少					
蒸发深度减少	208.53	44.52	2.18	1.59	256.82
水域面积减少					
小计	208.53	44.52	2.18	1.59	256.82
期末存量	8 976.51	3 496.08	105.75	82.25	12 660.59

表 5-27　邢台市 2012 年气候调节功能资产存量及变动表　单位:亿 kW·h

指标名称	水库	河流	湖泊	湿地	合计
期初存量	233.90	49.94	2.45	1.78	288.07
存量增加					
蒸发深度增加					
水域面积增加	50.52	59.70	0.90	0.81	111.93
小计	50.52	59.70	0.90	0.81	111.93
存量减少					
蒸发深度减少	6.46	1.38	0.07	0.05	7.96
水域面积减少					
小计	6.46	1.38	0.07	0.05	7.96
期末存量	277.96	108.26	3.28	2.54	392.04

5.3.2.5　固碳释氧功能

1. 期初存量

采用式(3-12)及式(3-13)分别计算固碳量及释氧量。以上一个核算期的期末存量作为本核算期的期初存量。水库、河流、湖泊及湿地等水体固碳率分别为 400 t/km^2、400 t/km^2、72 t/km^2 及 29 t/km^2,2010 年水库、河流、湖泊及湿地等水体年均水域面积分别为 34.91 km^2、5.32 km^2、0.34 km^2 及 0.38 km^2,则 2011 年水库、河流、湖泊及湿地等水体固碳释氧期初存量相应为 14 013.40 t、2 135.50 t、24.60 t 及 11.00 t,固碳释氧总量为 16 184.40 t。2012 年水库、河流、湖泊及湿地等水体固碳释氧期初存量相应为 19 573.00 t、

4 178. 70 t、36. 80 t 及 10. 70 t,固碳释氧总量为 23 799. 20 t。

2. 存量增加及存量减少

2010 年水库、河流、湖泊及湿地的年均水域面积分别为 34. 91 km^2、5. 32 km^2、0. 34 km^2 及 0. 38 km^2,2011 年水库、河流、湖泊及湿地的年均水域面积分别为 48. 76 km^2、10. 41 km^2、0. 51 km^2 及 0. 37 km^2,则 2011 年水域面积变化量相应为 13. 85 km^2、5. 09 km^2、0. 17 km^2 及-0. 01 km^2。采用式(3-10)及式(3-11)计算固碳量及释氧量的变化量,若计算结果为正则填报至存量增加列,否则填报至存量减少列。

3. 期末存量

依据平衡关系式"期末存量=期初存量+存量增加-存量减少"计算,则 2011 年固碳释氧量期末存量为 23 799. 20 t,2012 年固碳释氧量期末存量为 33 303. 20 t。

邢台市 2011 年、2012 年固碳释氧功能资产存量及变动表分别见表 5-28 及表 5-29。

表 5-28　邢台市 2011 年固碳释氧功能资产存量及变动表　　单位:t

指标名称	水库		河流		湖泊		湿地		合计		总计
	固碳	释氧	固碳	释氧	固碳	释氧	固碳	释氧	固碳	释氧	
期初存量	3 808. 00	10 205. 40	580. 30	1 555. 20	6. 70	17. 90	3. 00	8. 00	4 398. 00	11 786. 50	16 184. 50
存量增加	1 510. 80	4 048. 80	555. 20	1 488. 00	3. 30	8. 90	0	0	2 069. 30	5 545. 70	7 615. 00
存量减少	0	0	0	0	0	0	0. 10	0. 20	0. 10	0. 20	0. 30
期末存量	5 318. 80	14 254. 20	1 135. 50	3 043. 20	10. 00	26. 80	2. 90	7. 80	6 467. 20	17 332. 00	23 799. 20

表 5-29　邢台市 2012 年固碳释氧功能资产存量及变动表　　单位:t

指标名称	水库		河流		湖泊		湿地		合计		总计
	固碳	释氧	固碳	释氧	固碳	释氧	固碳	释氧	固碳	释氧	
期初存量	5 318. 80	14 254. 20	1 135. 50	3 043. 20	10. 00	26. 80	2. 90	7. 80	6 467. 20	17 332. 00	23 799. 20
存量增加	1 181. 30	3 166. 00	1 396. 20	3 741. 90	3. 70	10. 00	1. 30	3. 60	2 582. 50	6 921. 50	9 504. 00
存量减少	0	0	0	0	0	0	0	0	0	0	0
期末存量	6 500. 10	17 420. 20	2 531. 70	6 785. 10	13. 70	36. 80	4. 20	11. 40	9 049. 70	24 253. 50	33 303. 20

5.3.2.6　提供栖息地功能

1. 期初存量

依据邢台市水生态系统特点，统计水库、河流、湖泊及湿地等 4 种水体的年均水面面积。解译邢台市 2010 年 1～12 月的遥感影像，求得 2010 年年均水域面积值，并将此值作为 2011 年核算期期初存量填入表中。经解译，2010 年水库、河流、湖泊及湿地的年均水域面积分别为 34.91 km^2、5.32 km^2、0.34 km^2 及 0.38 km^2，则 2011 年核算期提供栖息地期初存量相应为 34.91 km^2、5.32 km^2、0.34 km^2 及 0.38 km^2。2011 年水库、河流、湖泊及湿地的年均水域面积分别为 48.76 km^2、10.41 km^2、0.51 km^2 及 0.37 km^2，将其填报至 2012 年期初存量相应位置。

2. 存量增加和存量减少

2011 年年均水域面积与 2010 年年均水域面积相减，正差值即为年均水域面积增加量，负差值为年均水域面积减少量。2011 年水库、河流、湖泊年均水域面积增加量分别为 13.85 km^2、5.09 km^2、0.17 km^2，湿地年均水域面积减少量为 0.01 km^2；2012 年水库、河流、湖泊及湿地年均水域面积增加量分别为 10.83 km^2、12.80 km^2、0.19 km^2 及 0.17 km^2。

3. 期末存量

依据平衡关系式“期末存量=期初存量+存量增加-存量减少”计算，2011 年年均水域面积期末存量合计为 60.05 km^2，2012 年为 84.04 km^2。

邢台市 2011 年、2012 年提供栖息地功能资产存量及变动表分别见表 5-30 及表 5-31。

表 5-30　邢台市 2011 年提供栖息地功能资产存量及变动表　单位：km^2

指标名称	水库	河流	湖泊	湿地	合计
期初存量	34.91	5.32	0.34	0.38	40.95
存量增加	13.85	5.09	0.17		19.11
存量减少				0.01	0.01
期末存量	48.76	10.41	0.51	0.37	60.05

表 5-31　邢台市 2012 年提供栖息地功能资产存量及变动表　单位：km^2

指标名称	水库	河流	湖泊	湿地	合计
期初存量	48.76	10.41	0.51	0.37	60.05
存量增加	10.83	12.80	0.19	0.17	23.99
存量减少					
期末存量	59.59	23.21	0.70	0.54	84.04

5.3.3 文化功能资产存量及变动研究

5.3.3.1 休闲旅游功能

1. 期初存量及期末存量

旅游人次可依据《邢台市统计年鉴》查询得到。以上一个核算期的期末存量作为核算期的期初存量,以本核算期统计数据作为本核算期期末存量。邢台市2010年末国内游客及入境游客总旅游人次分别为754.02万人次及1.73万人次,而水利景观旅游人次占旅游总人次的比例为12.3%,则2011年水利景观国内游客及入境游客期初存量分别为92.74万人次及0.21万人次。2011年末国内游客及入境游客总旅游人次分别为854.30万人次及2.00万人次,则2011年国内游客及入境游客期末存量分别为105.08万人次及0.25万人次。采用同样的方法填报2012年数据。

2. 存量增加及存量减少

2011年核算期的期末存量与2011年核算期的期初存量的正差值即为旅游人次增加量,反之则为旅游人次减少量。2011年旅行人次增加量为12.38万人次,2012年旅行人次增加量为24.60万人次。

邢台市2011年、2012年休闲旅游功能资产存量及变动表分别见表5-32及表5-33。

表5-32 邢台市2011年休闲旅游功能资产存量及变动表 单位:万人次

指标名称	国内游客	入境游客	合计
期初存量	92.74	0.21	92.95
存量增加	12.34	0.04	12.38
存量减少			
期末存量	105.08	0.25	105.33

表5-33 邢台市2012年休闲旅游功能资产存量及变动表 单位:万人次

指标名称	国内游客	入境游客	合计
期初存量	105.08	0.25	105.33
存量增加	24.56	0.04	24.60
存量减少			
期末存量	129.64	0.29	129.93

5.3.3.2 科学研究功能

湿地植被类型丰富,野生动植物种类多样,具有极大的科学研究价值。以湿地水域面积表征其科学研究服务的功能量。

湿地水域面积及其变化量已在提供栖息地功能资产存量及变动表中计算,直接采用其结果即可。

邢台市 2011 年、2012 年科学研究功能资产存量及变动表分别见表 5-34 及表 5-35。

表 5-34　邢台市 2011 年科学研究功能资产存量及变动表　　单位：km^2

指标名称	湿地水域面积
期初存量	0.38
存量增加	
存量减少	0.01
期末存量	0.37

表 5-35　邢台市 2012 年科学研究功能资产存量及变动表　　单位：km^2

指标名称	湿地水域面积
期初存量	0.37
存量增加	0.17
存量减少	
期末存量	0.54

5.4　研究区水生态系统资产负债研究

5.4.1　水生态系统资产核算

水生态系统资产核算以水生态系统资产存量及变动表核算数据为基础，依据权属，引入环境体，分别计算向经济体提供的产品和服务，以及环境体保留量，在此基础上，采用市场价值理论法、成果参照法进行价值量核算。

5.4.1.1　供给功能资产核算

1. 水资源供给资产核算

1）实物量核算

水资源供给实物量核算包括向经济体提供的水量和环境体保留的水量。向经济体提供的水量对应表 5-11 及表 5-12 中的经济体取水量数据，环境体保留的水量对应河道内生态耗水量。2011 年水资源供给期初供给量及期末供给量分别为 22.45 亿 m^3、21.23 亿 m^3；2012 年期初供给量、期末供给量相应为 21.23 亿 m^3、19.76 亿 m^3。

2）价值量核算

价值量核算以实物量核算成果为基础数据，采用式（4-1）计算。经济体用水单价以各用水户现行水价计，环境体以经济体各用水户综合用水单价计。2011 年期初价值量及期末价值量分别为 49.15 亿元、48.83 亿元。2012 年期初价值量及期末价值量相应为 48.83 亿元、41.02 亿元。

邢台市 2011 年、2012 年水资源供给功能实物量和价值量成果见表 5-36。

表 5-36　邢台市 2011 年、2012 年水资源供给功能实物量和价值量成果

核算期	核算主体	用水户	实物量/亿 m^3		单价/（元/m^3）	价值量/亿元	
			期初	期末		期初	期末
2011 年	经济体	居民生活	1.53	1.79	5.41	8.28	9.68
		工业用水	1.92	1.99	8.88	17.05	17.67
		农业用水	14.98	13.85	0.25	3.75	3.46
		河道外生态环境用水	0.02	0.11	5.41	0.11	0.60
		小计	18.45	17.74		29.19	31.41
	环境体	生态耗水量	4.00	3.49	4.99	19.96	17.42
	合计		22.45	21.23		49.15	48.83
2012 年	经济体	居民生活	1.79	1.73	5.41	9.68	9.36
		工业用水	1.99	1.94	8.88	17.67	17.23
		农业用水	13.85	13.94	0.25	3.46	3.49
		河道外生态环境用水	0.11	0.52	5.41	0.60	2.81
		小计	17.74	18.13		31.41	32.89
	环境体	生态耗水量	3.49	1.63	4.99	17.42	8.13
	合计		21.23	19.76		48.83	41.02

2. 水能资源供给资产核算

1）实物量核算

实物量核算包括向经济体提供的水能资源量及环境体保留的水能资源量。向经济体提供的水能资源量对应表 5-13 及表 5-14 中的已发电量，环境体保留的水能资源量在数值上等于水能资源总量与已发电量之差。邢台市 2011 年期初水能资源总量及期末水能资源总量分别为 2.37 亿 kW·h、2.48 亿 kW·h；2012 年期初及期末水能资源总量分别为 2.48 亿 kW·h、4.13 亿 kW·h，见表 5-37。

2）价值量核算

价值量采用实物量与用电单价相乘得到。经济体用电单价以综合售电单价 0.53 元/（kW·h）计，环境体以上网电价 0.36 元/（kW·h）计。2011 年邢台市期初价值量及期末价值量分别为 0.89 亿元、0.95 亿元；2012 年邢台市期初价值量及期末价值量为 0.96 亿元、1.58 亿元，见表 5-37。

表 5-37　邢台市 2011 年、2012 年水能资源供给功能实物量和价值量成果

核算期	核算主体	实物量/(亿 kW · h)		单价/[元/(kW · h)]	价值量/亿元	
		期初	期末		期初	期末
2011 年	经济体	0. 20	0. 34	0. 53	0. 11	0. 18
	环境体	2. 17	2. 14	0. 36	0. 78	0. 77
	合计	2. 37	2. 48		0. 89	0. 95
2012 年	经济体	0. 34	0. 43	0. 53	0. 18	0. 23
	环境体	2. 14	3. 70	0. 36	0. 78	1. 35
	合计	2. 48	4. 13		0. 96	1. 58

3. 水产品供给资产核算

1) 实物量核算

实物量核算包括向经济体提供的及环境体保留的水产品量。经济体对应表 5-15 及表 5-16 中的养殖捕捞量,环境体保留的水产品量在数值上等于水产品产量与野生捕捞量之差。2011 年期初产量及期末产量分别为 5 210 t、6 970 t;2012 年期初产量及期末产量分别为 6 970 t、9 108 t,见表 5-38。

表 5-38　邢台市 2011 年、2012 年水产品供给功能实物量成果　单位:t

核算期	核算主体	鱼类		虾蟹类		其他类		合计	
		期初	期末	期初	期末	期初	期末	期初	期末
2011 年	经济体	3 335	3 636	15	0	20	58	3 370	3 694
	环境体	1 778	3 150	31	81	31	45	1 840	3 276
	合计	5 113	6 786	46	81	51	103	5 210	6 970
2012 年	经济体	3 636	4 639	0	0	58	85	3 694	4 724
	环境体	3 150	4 214	81	107	45	63	3 276	4 384
	合计	6 786	8 853	81	107	103	148	6 970	9 108

2) 价值量核算

价值量等于实物量与收益单价之积。经调查统计,邢台市鱼类、虾蟹类及其他水产品的每吨收益单价分别为 13 150 元、31 500 元及 66 000 元。2011 年邢台市水产品期初价值量及期末价值量分别为 7 205. 10 万元、9 858. 54 万元。2012 年期初价值量、期末价值量分别为 9 858. 54 万元、12 955. 55 万元,见表 5-39。

表 5-39 邢台市 2011 年、2012 年水产品供给功能价值量成果

核算期	核算主体	类别	单价/元	期初价值量/万元	期末价值量/万元
2011 年	经济体	鱼类	13 150	4 385.53	4 781.34
		虾蟹类	31 500	47.25	0
		其他类	66 000	132.00	382.80
		小计		4 564.78	5 164.14
	环境体	鱼类	13 150	2 338.07	4 142.25
		虾蟹类	31 500	97.65	255.15
		其他类	66 000	204.60	297.00
		小计		2 640.32	4 694.40
	合计			7 205.10	9 858.54
2012 年	经济体	鱼类	13 150	4 781.34	6 100.29
		虾蟹类	31 500	0	0
		其他类	66 000	382.80	561.00
		小计		5 164.14	6 661.29
	环境体	鱼类	13 150	4 142.25	5 541.41
		虾蟹类	31 500	255.15	337.05
		其他类	66 000	297.00	415.80
		小计		4 694.40	6 294.26
	合计			9 858.54	12 955.55

5.4.1.2 调节功能资产核算

1. 水源涵养资产核算

1) 实物量核算

核算主体包括经济体及环境体,经济体对应表 5-17 及表 5-18 中水库的年均蓄水量,环境体对应湿地的年均蓄水量。2011 年经济体期初存量、期末存量分别为 2.66 亿 m^3、3.29 亿 m^3,环境体期初存量、期末存量分别为 0.01 亿 m^3、0.01 亿 m^3;2012 年经济体期初存量及期末存量分别为 3.29 亿 m^3、3.91 亿 m^3,环境体则分别为 0.01 亿 m^3、0.02 亿 m^3。

2) 价值量核算

价值量利用式(4-4)计算。综合蓄水成本为 0.67 元/m^3,2011 年邢台市水源涵养服务价值量期初、期末分别为 1.79 亿元、2.21 亿元,2012 年期初、期末对应为 2.21 亿元、2.63 亿元。

邢台市 2011 年、2012 年水源涵养功能实物量及价值量成果见表 5-40。

表5-40　邢台市2011~2012年水源涵养功能实物量及价值量成果

核算期	核算主体	类别	实物量/亿 m^3		单价/（元/m^3）	价值量/亿元	
			期初	期末		期初	期末
2011年	经济体	水库	2.66	3.29	0.67	1.78	2.20
	环境体	湿地	0.01	0.01		0.01	0.01
	合计		2.67	3.30		1.79	2.21
2012年	经济体	水库	3.29	3.91	0.67	2.20	2.62
	环境体	湿地	0.01	0.02		0.01	0.01
	合计		3.30	3.93		2.21	2.63

2. 洪水调节资产核算

1）实物量核算

结合邢台市水生态系统特点，将表5-19及表5-20中水库的期初调节洪水量及期末调节洪水量作为经济体的洪水调节服务实物量。2011年邢台市洪水调节服务期初存量及期末存量分别为1.35亿 m^3、1.62亿 m^3。2012年期初存量、期末存量相应为1.62亿 m^3、1.69亿 m^3。

2）价值量核算

价值量是其实物量与单调洪库容投资成本之积。2011年邢台市洪水调节服务期初价值量及期末价值量分别为8.25亿元、9.90亿元。2012年相应为9.90亿元、10.33亿元。

邢台市2011年、2012年洪水调节功能实物量及价值量成果见表5-41。

表5-41　邢台市2011年、2012年洪水调节功能实物量及价值量成果

核算期	核算主体	实物量/亿 m^3		单价/（元/m^3）	价值量/亿元	
		期初	期末		期初	期末
2011年	经济体	1.35	1.62	6.11	8.25	9.90
2012年	经济体	1.62	1.69	6.11	9.90	10.33

3. 水质净化资产核算

1）实物量核算

实物量核算主体包括经济体和环境体，分别对应表5-22及表5-23中水功能区和湿地的纳污能力。水质净化功能量以氨氮和COD两种污染物的纳污能力表征。2011年邢台市水生态系统氨氮纳污能力期初存量及期末存量分别为356.32 t、272.19 t；COD纳污能力期初存量及期末存量相应为4 913.47 t、4 193.27 t。2012年氨氮期初纳污能力及期末纳污能力分别为272.19 t、204.46 t；COD期初纳污能力及期末纳污能力相应为4 193.27

t、3 561.45 t。

2)价值量核算

价值量以实物量为基础数据,利用式(4-6)计算。邢台市氨氮及 COD 单位污染物综合治理成本为 1 500 元/t,2011 年期初价值量、期末价值量分别为 790.47 万元、669.82 万元,2012 年相应为 669.82 万元、564.89 万元。

邢台市 2011 年、2012 年水质净化功能实物量及价值量成果见表 5-42、表 5-43。

表 5-42　邢台市 2011 年、2012 年水质净化功能实物量成果

核算期	核算主体	实物量/t					
		氨氮		COD		合计	
		期初	期末	期初	期末	期初	期末
2011 年	经济体	335.89	252.40	4 856.35	4 137.94	5 192.24	4 390.34
	环境体	20.43	19.79	57.12	55.33	77.55	75.12
	合计	356.32	272.19	4 913.47	4 193.27	5 269.79	4 465.46
2012 年	经济体	252.40	175.41	4 137.94	3 480.24	4 390.34	3 655.65
	环境体	19.79	29.05	55.33	81.21	75.12	110.26
	合计	272.19	204.46	4 193.27	3 561.45	4 465.46	3 765.91

表 5-43　邢台市 2011 年、2012 年水质净化服务价值量成果

核算期	核算主体	治理成本/(元/t)	价值量/万元					
			氨氮		COD		合计	
			期初	期末	期初	期末	期初	期末
2011 年	经济体	1 500	50.38	37.86	728.45	620.69	778.84	658.55
	环境体		3.06	2.97	8.57	8.30	11.63	11.27
	合计		53.45	40.83	737.02	628.99	790.47	669.82
2012 年	经济体	1 500	37.86	26.31	620.69	522.04	658.55	548.35
	环境体		2.97	4.36	8.30	12.18	11.27	16.54
	合计		40.83	30.67	628.99	534.22	669.82	564.89

4. 气候调节资产核算

1)实物量核算

核算主体包括经济体和环境体。经济体对应表 5-25 及表 5-27 中水库的气候调节功能资产,环境体对应表 5-25 及表 5-27 中河流、湖泊及湿地气候调节功能资产之和。2011 年邢台市期初实物量及期末实物量分别为 199.60 亿 kW·h、288.07 亿 kW·h;2012 年期初存量及期末存量相应为 288.07 亿 kW·h、392.04 亿 kW·h。

2)价值量核算

价值量以其实物量作为核算基础数据,采用式(4-7)计算。现行电价以邢台市生活用电第一阶梯电价 0.52 元/(kW·h)计,2011 年气候调节功能期初价值量及期末价值量分别为 103.79 亿元、149.80 亿元;2012 年相应为 149.80 亿元、203.86 亿元。

邢台市 2011 年、2012 年气候调节功能实物量及价值量成果见表 5-44。

表 5-44　邢台市 2011 年、2012 年气候调节功能实物量及价值量成果

<table>
<tr><th rowspan="2">核算期</th><th rowspan="2">核算主体</th><th rowspan="2">主体类别</th><th colspan="2">实物量/(亿 kW·h)</th><th colspan="2">价值量/亿元</th></tr>
<tr><th>期初</th><th>期末</th><th>期初</th><th>期末</th></tr>
<tr><td rowspan="6">2011 年</td><td>经济体</td><td>水库</td><td>170.15</td><td>233.90</td><td>88.48</td><td>121.63</td></tr>
<tr><td rowspan="4">环境体</td><td>河流</td><td>25.91</td><td>49.94</td><td>13.47</td><td>25.97</td></tr>
<tr><td>湖泊</td><td>1.67</td><td>2.45</td><td>0.87</td><td>1.27</td></tr>
<tr><td>湿地</td><td>1.87</td><td>1.78</td><td>0.97</td><td>0.93</td></tr>
<tr><td>小计</td><td>29.45</td><td>54.17</td><td>15.31</td><td>28.17</td></tr>
<tr><td colspan="2">合计</td><td>199.60</td><td>288.07</td><td>103.79</td><td>149.80</td></tr>
<tr><td rowspan="6">2012 年</td><td>经济体</td><td>水库</td><td>233.90</td><td>277.96</td><td>121.63</td><td>144.54</td></tr>
<tr><td rowspan="4">环境体</td><td>河流</td><td>49.94</td><td>108.26</td><td>25.97</td><td>56.30</td></tr>
<tr><td>湖泊</td><td>2.45</td><td>3.27</td><td>1.27</td><td>1.70</td></tr>
<tr><td>湿地</td><td>1.78</td><td>2.55</td><td>0.93</td><td>1.32</td></tr>
<tr><td>小计</td><td>54.17</td><td>114.08</td><td>28.17</td><td>59.33</td></tr>
<tr><td colspan="2">合计</td><td>288.07</td><td>392.04</td><td>149.80</td><td>203.86</td></tr>
</table>

5. 固碳释氧资产核算

1)实物量核算

实物量核算包括固碳功能量和释氧功能量,核算主体为经济体和环境体。经济体对应表 5-28 及表 5-29 中水库固碳量和释氧量的期初存量、期末存量,环境体对应河流、湖泊、湿地等水体固碳量和释氧量之和。2011 年期初存量及期末存量分别为 16 184.5 t、23 799.2 t。2012 年期初存量、期末存量分别为 23 799.2 t、33 303.2 t。

2011 年、2012 年邢台市固碳释氧功能实物量成果见表 5-45。

表 5-45　2011 年、2012 年邢台市固碳释氧功能实物量成果　　单位：t

核算期	核算主体	核算类别	实物量					
			固碳		释氧		合计	
			期初	期末	期初	期末	期初	期末
2011 年	经济体	水库	3 808.0	5 318.8	10 205.4	14 254.2	14 013.4	19 573.0
	环境体	河流	580.3	1 135.5	1 555.2	3 043.2	2 135.5	4 178.7
		湖泊	6.7	10.0	17.9	26.8	24.6	36.8
		湿地	3.0	2.9	8.0	7.8	11.0	10.7
		小计	590.0	1 148.4	1 581.1	3 077.8	2 171.1	4 226.2
	合计		4 398.0	6 467.2	11 786.5	17 332.0	16 184.5	23 799.2
2012 年	经济体	水库	5 318.7	6 500.1	14 254.2	17 420.2	19 573.0	23 920.3
	环境体	河流	1 135.5	2 531.7	3 043.2	6 785.1	4 178.7	9 316.8
		湖泊	10.0	13.7	26.8	36.8	36.8	50.5
		湿地	2.9	4.2	7.8	11.4	10.7	15.6
		小计	1 148.4	2 549.6	3 077.8	6 833.3	4 226.2	9 382.9
	合计		6 467.2	9 049.7	17 332.0	24 253.5	23 799.2	33 303.2

2）价值量核算

采用造林成本法及工业制氧成本法依次计算固碳价值量和释氧价值量。固定纯碳成本为 250 元/t。工业制氧成本为 1 000 元/t。2011 年邢台市固碳释氧价值量期初、期末分别为 1 288.6 万元、1 895.0 万元；2012 年固碳释氧价值量期初、期末相应为 1 895.0 万元、2 651.6 万元。

2011 年、2012 年邢台市固碳释氧功能价值量成果见表 5-46。

表 5-46　2011 年、2012 年邢台市固碳释氧功能价值量成果　　单位：万元

核算期	核算主体	核算类别	价值量					
			固碳		释氧		合计	
			期初	期末	期初	期末	期初	期末
2011 年	经济体	水库	95.2	133.0	1 020.5	1 425.4	1 115.7	1 558.4
	环境体	河流	14.5	28.4	155.5	304.3	170.0	332.7
		湖泊	0.2	0.3	1.8	2.7	2.0	3.0
		湿地	0.1	0.1	0.8	0.8	0.9	0.9
		小计	14.8	28.8	158.1	307.8	172.9	336.6
	合计		110.0	161.8	1 178.6	1 733.2	1 288.6	1 895.0

续表 5-46

核算期	核算主体	核算类别	价值量					
			固碳		释氧		合计	
			期初	期末	期初	期末	期初	期末
2012 年	经济体	水库	133.0	162.5	1 425.4	1 742.0	1 558.4	1 904.5
	环境体	河流	28.4	63.3	304.3	678.5	332.7	741.8
		湖泊	0.3	0.3	2.7	3.7	3.0	4.0
		湿地	0.1	0.1	0.8	1.2	0.9	1.3
		小计	28.8	63.7	307.8	683.4	336.6	747.1
	合计		161.8	226.2	1 733.2	2 425.4	1 895.0	2 651.6

6. 提供栖息地服务资产核算

1) 实物量核算

实物量核算主体环境体为野生动物提供栖息、繁衍、迁徙、越冬的场所，对应表 5-30 及表 5-31 中水库、河流、湖泊及湿地水域面积之和。2011 年邢台市期初存量、期末存量分别为 40.95 km^2、60.05 km^2；2012 年期初存量、期末存量相应为 60.05 km^2、84.04 km^2。

2) 价值量核算

采用式(4-9)计算提供栖息地价值量。对于单位面积提供栖息地的生态效益价格，参考 Costanza R 等关于湿地提供栖息地功能效益单价 304 美元/hm^2，经美元汇率折算，效益单价为 19.19 万元/km^2。2011 年邢台市提供栖息地服务价值量期初及期末分别为 785.82 万元、1 152.36 万元；2012 年期初及期末相应为 1 152.36 万元、1 612.72 万元。

2011 年、2012 年邢台市提供栖息地功能实物量及价值量成果见表 5-47。

表 5-47　2011 年、2012 年邢台市提供栖息地功能实物量及价值量成果

核算期	核算主体	类别	实物量/亿 km^2		单价/(万元/km^2)	价值量/万元	
			期初	期末		期初	期末
2011 年	环境体	水库	34.91	48.76	19.19	669.92	935.70
		河流	5.32	10.41		102.09	199.77
		湖泊	0.34	0.51		6.52	9.79
		湿地	0.38	0.37		7.29	7.10
	合计		40.95	60.05		785.82	1 152.36

续表 5-47

核算期	核算主体	类别	实物量/km^2		单价/（万元/km^2）	价值量/万元	
			期初	期末		期初	期末
2012 年	环境体	水库	48.76	59.59	19.19	935.70	1 143.53
		河流	10.41	23.21		199.77	445.4
		湖泊	0.51	0.70		9.79	13.43
		湿地	0.37	0.54		7.10	10.36
	合计		60.05	84.04		1 152.36	1 612.72

5.4.1.3 文化功能资产核算

1. 休闲旅游资产核算

1）实物量计算

只计算经济体对应的休闲旅游实物量，对应表 5-32 及表 5-33 中的旅游人次数据。2011 年邢台市水利景观旅游人次期初存量及期末存量分别为 92.95 万人次、105.33 万人次。2012 年期初存量、期末存量相应为 105.33 万人次、129.93 万人次。

2）价值量计算

以旅游总收入的 12.3%作为经济体休闲旅游服务项的价值量。2011 年休闲旅游价值期初存量及期末存量分别为 4.77 亿元、6.39 亿元。2012 年期初价值量及期末价值量相应为 6.39 亿元、8.23 亿元。

2011 年、2012 年邢台市休闲旅游功能实物量及价值量核算成果见表 5-48。

表 5-48　2011 年、2012 年邢台市休闲旅游功能实物量及价值量成果

核算期	核算主体	实物量/万人次		价值量/亿元	
		期初	期末	期初	期末
2011 年	经济体	92.95	105.33	4.77	6.39
2012 年	经济体	105.33	129.93	6.39	8.23

2. 科学研究资产核算

1）实物量核算

核算主体为经济体，对应表 5-34 及表 5-35 中湿地水域面积的期末存量。2011 年科学研究服务期初存量、期末存量分别为 0.38 km^2、0.37 km^2。2012 年期初存量及期末存量相应为 0.37 km^2、0.54 km^2。

2）价值量核算

价值量为实物量与单位面积科学研究价值的乘积。我国湿地生态系统的科学研究价值为 38 200 元/km^2，Costanza R 等计算得出湿地生态系统的科学研究价值为 88 100 美

元/km²,取二者均值300 388元/km²作为湿地单位面积科学研究价值。2011年科学研究期初价值量及期末价值量分别为11.41万元、11.11万元。2012年期初价值量、期末价值量相应为11.11万元、16.22万元。

2011年、2012年邢台市科学研究功能实物量及价值量核算成果见表5-49。

表5-49 2011年、2012年邢台市科学研究功能实物量及价值量成果表

核算主体	核算类别	实物量/km²		单价/(万元/km²)	价值量/万元	
		期初	期末		期初	期末
经济体	湿地	0.38	0.37	30.04	11.41	11.11
经济体	湿地	0.37	0.54		11.11	16.22

5.4.1.4 水生态系统资产核算小结

邢台市水生态系统资产核算对供给功能、调节功能、文化功能共计3大类11亚类指标进行了实物量核算及价值量核算。经计算,2011年邢台市水生态系统资产期初价值量及期末价值量分别为169.65亿元、219.45亿元,2012年相应为219.45亿元、269.42亿元。邢台市水生态系统资产核算成果分别见表5-50~表5-53。

表5-50 2011年邢台市水生态系统资产实物量核算成果

核算指标		实物量						
大类	亚类	指标表征	经济体		环境体		合计	
			期初	期末	期初	期末	期初	期末
供给功能	水资源供给	供水量/亿m³	18.45	17.74	4.00	3.49	22.45	21.23
	水能资源供给	水能资源量/亿kW·h	0.20	0.34	2.17	2.14	2.37	2.48
	水产品供给	水产品产量/t	3 370.00	3 694.00	1 840.00	3 276.00	5 210.00	6 970.00
调节功能	水源涵养	蓄水量/亿m³	2.66	3.29	0.01	0.01	2.67	3.30
	洪水调节	调节洪水量/亿m³	1.35	1.62			1.35	1.62
	水质净化	氨氮及COD纳污能力/t	5 192.24	4 390.34	77.55	75.12	5 269.79	4 465.46
	气候调节	消耗电量/亿kW·h	170.15	233.90	29.45	54.17	199.60	288.07
	固碳释氧	固碳释氧量/t	14 013.40	19 573.00	2 171.00	4 226.20	16 184.40	23 799.20
	提供栖息地	水域面积/km²			40.95	60.05	40.95	60.05
文化功能	休闲旅游	旅游人次/万人次	92.95	105.33			92.95	105.33
	科学研究	湿地水域面积/km²	0.38	0.37			0.38	0.37

表 5-51　2012 年邢台市水生态系统资产实物量核算成果

核算指标			实物量					
大类	亚类	指标表征	经济体		环境体		合计	
			期初	期末	期初	期末	期初	期末
供给功能	水资源供给	供水量/亿 m^3	17.74	18.13	3.49	1.63	21.23	19.76
	水能资源供给	水能资源量/亿 kW · h	0.34	0.43	2.14	3.70	2.48	4.13
	水产品供给	水产品产量/t	3 694.00	4 724.00	3 276.00	4 384.00	6 970.00	9 108.00
调节功能	水源涵养	蓄水量/亿 m^3	3.29	3.91	0.01	0.02	3.30	3.93
	洪水调节	调节洪水量/亿 m^3	1.62	1.69			1.62	1.69
	水质净化	氨氮及 COD 纳污能力/t	4 390.34	3 655.65	75.12	110.26	4 465.46	3 765.91
	气候调节	消耗电量/亿 kW · h	233.90	277.96	54.17	114.08	288.07	392.04
	固碳释氧	固碳释氧量/t	19 573.00	23 920.30	4 226.20	9 382.90	23 799.20	33 303.20
	提供栖息地	水域面积/km^2			60.05	84.04	60.05	84.04
文化功能	休闲旅游	旅游人次/万人次	105.33	129.93			105.33	129.93
	科学研究	湿地水域面积/km^2	0.37	0.54			0.37	0.54

表 5-52　2011 年邢台市水生态系统资产价值量核算成果　　单位:亿元

核算指标		价值量					
大类	亚类	经济体		环境体		合计	
		期初	期末	期初	期末	期初	期末
供给功能	水资源供给	29.19	31.41	19.96	17.42	49.15	48.83
	水能资源供给	0.11	0.18	0.78	0.78	0.89	0.95
	水产品供给	0.46	0.52	0.26	0.47	0.72	0.99
	小计	29.76	32.11	21.00	18.66	50.76	50.77
调节功能	水源涵养	1.78	2.20	0.01	0.01	1.79	2.21
	洪水调节	8.25	9.90			8.25	9.90
	水质净化	0.08	0.07	0	0	0.08	0.07
	气候调节	88.48	121.63	15.31	28.17	103.79	149.80
	固碳释氧	0.11	0.16	0.02	0.03	0.13	0.19
	提供栖息地			0.08	0.12	0.08	0.12
	小计	98.70	133.96	15.42	28.33	114.12	162.29

续表 5-52

核算指标		价值量					
大类	亚类	经济体		环境体		合计	
		期初	期末	期初	期末	期初	期末
文化功能	休闲旅游	4.77	6.39			4.77	6.39
	科学研究	0	0			0	0
	小计	4.77	6.39			4.77	6.39
合计		133.23	172.46	36.42	46.99	169.65	219.45

表 5-53　2012 年邢台市水生态系统资产价值量核算成果　单位:亿元

核算指标		价值量					
大类	亚类	经济体		环境体		合计	
		期初	期末	期初	期末	期初	期末
供给功能	水资源供给	31.41	32.89	17.42	8.13	48.83	41.02
	水能资源供给	0.18	0.23	0.77	1.35	0.95	1.58
	水产品供给	0.52	0.67	0.47	0.63	0.99	1.30
	小计	32.11	33.79	18.66	10.11	50.77	43.90
调节功能	水源涵养	2.20	2.62	0.01	0.01	2.21	2.63
	洪水调节	9.90	10.33			9.90	10.33
	水质净化	0.07	0.05	0	0	0.07	0.05
	气候调节	121.63	144.54	28.17	59.32	149.80	203.86
	固碳释氧	0.16	0.19	0.03	0.07	0.19	0.26
	提供栖息地			0.12	0.16	0.12	0.16
	小计	133.96	157.73	28.33	59.59	162.29	217.29
文化功能	休闲旅游	6.39	8.23			6.39	8.23
	科学研究	0	0			0	0
	小计	6.39	8.23			6.39	8.23
合计		172.46	199.75	46.99	69.67	219.45	269.42

5.4.2 水生态系统资产负债核算

5.4.2.1 水资源耗减型负债核算

水资源耗减引起的直接负债项为水资源供给。水资源耗减型负债需确定水资源开发利用红线。水资源开发利用红线包括地表水、浅层地下水及深层地下水资源开发利用红线。

1. 地表水资源可开发利用红线

邢台市多年平均自产地表水资源量 3.16 亿 m^3，自产水量+入境水量-出境水量 4.43 亿 m^3，扣除地表水重复利用量 0.22 亿 m^3、生态用水量 1.30 亿 m^3，得到邢台市多年平均地表水资源可利用量为 2.91 亿 m^3，即邢台市地表水资源可开发利用红线为 2.91 亿 m^3。

2. 浅层地下水资源可开发利用红线

采用开采系数法计算平原区浅层地下水资源可开采量，经计算平原区浅层地下水资源可开采量为 6.95 亿 m^3。山丘区以补给量作为浅层地下水资源可开采量，主要包括降水补给、河流入渗补给、水库弃水补给及地表水入渗补给，则山丘区浅层地下水资源可开采量为 1.89 亿 m^3。综上，邢台市浅层地下水资源可开采总量为 8.84 亿 m^3，即邢台市浅层地下水资源可开发利用红线为 8.84 亿 m^3。

3. 深层地下水资源可开发利用红线

深层地下水资源更新速度极其缓慢，一般不可开采使用，其红线值为 0。

邢台市地表水、浅层地下水及深层地下水资源的开发利用红线分别为 2.91 亿 m^3、8.84 亿 m^3 及 0，2011 年邢台市地表水、浅层地下水及深层地下水资源的供给量分别为 5.97 亿 m^3、8.95 亿 m^3 及 6.30 亿 m^3，造成的负债实物量相应为 3.06 亿 m^3、0.11 亿 m^3 及 6.30 亿 m^3，负债价值量相应为 15.28 亿元、0.03 亿元及 1.57 亿 m^3。2012 年水资源耗减型负债实物量及价值量采用同样方法进行计算。水资源耗减型负债成果见表 5-54。

表 5-54 水资源耗减型负债实物量与价值量成果

核算期	类别	地表水资源	浅层地下水资源	深层地下水资源	合计
2011 年	红线/亿 m^3	2.91	8.84	0	11.75
	资产实物量/亿 m^3	5.97	8.95	6.30	21.22
	负债实物量/亿 m^3	3.06	0.11	6.30	9.47
	负债价值量/亿元	15.28	0.03	1.57	16.88
2012 年	红线/亿 m^3	2.91	8.84	0	11.75
	资产实物量/亿 m^3	5.23	8.69	5.84	19.76
	负债实物量/亿 m^3	2.32	0	5.84	8.16
	负债价值量/亿元	11.55	0	1.46	13.01

5.4.2.2　水体污染物超排型负债核算

水体污染物超排引起的直接负债项为水质净化。采用水体污染物实际排放量与水体纳污能力比较以确定水体污染物的超排量。2011 年邢台市氨氮和 COD 两种污染物的排污量分别为 454.62 t 及 5 898.41 t,纳污能力对应为 272.19 t 及 4 193.27 t,则 2011 年负债实物量相应为 182.43 t 及 1 705.14 t,负债价值量合计为 283.14 万元。2012 年邢台市氨氮和 COD 两种污染物的负债实物量分别为 117.47 t 及 615.36 t,负债价值量合计为 109.92 万元。水体污染物超排型负债实物量与价值量成果见表 5-55。

表 5-55　水体污染物超排型负债实物量与价值量成果

核算期	排污量/t		纳污能力/t		负债					
					实物量/t			价值量/万元		
	氨氮	COD	氨氮	COD	氨氮	COD	合计	氨氮	COD	合计
2011 年	454.62	5 898.41	272.19	4 193.27	182.43	1 705.14	1 887.57	27.37	255.77	283.14
2012 年	321.93	4 176.81	204.46	3 561.45	117.47	615.36	732.83	17.62	92.30	109.92

5.4.2.3　过度捕捞型负债核算

过度捕捞引起的直接负债项为水产品供给服务。依据 FAO 的研究成果,将野生水产品捕捞量的 70%作为捕捞红线。2011 年邢台市野生水产品捕捞量为 1 228 t,2011 年野生水产品捕捞红线为 860 t,则 2011 年负债功能量为 369 t,负债价值量为 489.41 万元。同理,可计算得到 2012 年过度捕捞型负债实物量及价值量分别为 576 t、548.25 万元。过度捕捞型负债实物量与价值量成果见表 5-56。

表 5-56　过度捕捞型负债实物量与价值量成果

核算期	核算类别	实物量/t	价值量/万元
2011 年	鱼类	366	480.90
	虾蟹类	3	8.51
	合计	369	489.41
2012 年	鱼类	570	521.55
	虾蟹类	6	26.70
	合计	576	548.25

5.4.2.4　水利工程建设型负债核算

水利工程建设引起的直接负债项为水能资源供给。对邢台市 1956～2010 年径流量进行分析,1956～1979 年径流量系列未受人类活动影响或受人类活动影响不显著,而 1980～2010 年流域下垫面条件受人类活动影响显著,流域下垫面条件变化比较明显。因此,以 1956～1979 年系列的多年平均河流流量作为红线流量,某一核算期对应的年均流量作为修建水利工程情况下的年均河流流量。依据水文测站断面流量资料,分别计算邢台市主要河流的红线流量及核算期河流流量,继而计算水能资源的变化量。经计算,2011年及2012年水能资源供给负债实物量分别为1.21亿kW·h、0.96亿kW·h,负债价值量分别为6 404.13万元、5 105.39万元。

水利工程建设型负债实物量与价值量成果见表5-57。

表5-57　水利工程建设型负债实物量与价值量成果

核算期	核算指标	负债	
		实物量/亿kW·h	价值量/万元
2011年	水能资源供给	1.21	6 404.13
2012年	水能资源供给	0.96	5 105.39

5.4.2.5　水利景观过度开发型负债核算

水利景观过度开发引起的负债项为休闲旅游服务。邢台市旅游空间环境容量为15 450人/d,旅游生态环境容量为18 000人/d,旅游经济环境容量为20 000人/d,旅游社会心理环境容量为17 740人/d,取四者最小值作为邢台市旅游环境容量。因此,邢台市旅游环境容量为15 450人/d,177.68万人/a。邢台市2011年及2012年旅游人次分别为105.32万人次及129.92万人次,均未超过旅游环境容量,不造成负债。

5.4.2.6　水陆交错带垦殖型负债核算

水陆交错带垦殖引起的直接负债项为提供栖息地及科学研究两项。

结合邢台市水生态系统特点,因水陆交错带垦殖造成的负债针对湿地水体进行计算。邢台市襄湖岛湿地近10年年均水域面积为1.30 km^2,并将此值作为水域面积红线值。计算得到,2011年邢台市湿地水域面积负债量为0.93 km^2、2012年为0.75 km^2。

1. 提供栖息地

2011年水陆交错带垦殖型提供栖息地服务项负债实物量为0.93 km^2、负债价值量为17.85万元。2012年负债实物量及价值量相应为0.75 km^2、14.39万元。

2. 科学研究

2011年水陆交错带垦殖型科学研究服务直接负债实物量为0.93 km^2、负债价值量为27.94万元。2012年负债实物量及价值量相应为0.75 km^2、22.53万元。

水陆交错带垦殖型负债实物量与价值量成果见表5-58。

表5-58　水陆交错带垦殖型负债实物量与价值量成果

核算期	负债项	实物量/km^2	价值量/万元
2011年	提供栖息地	0.93	17.85
	科学研究	0.93	27.94
	合计		45.79

续表 5-58

核算期	负债项	实物量/km^2	价值量/万元
2012 年	提供栖息地	0.75	14.39
	科学研究	0.75	22.53
	合计		36.92

5.4.2.7　水生态系统资产负债核算小结

采用“压力-状态-生态系统服务”框架分析邢台市水生态系统资产负债核算。如果人类活动对生态系统的压力超过了生态系统维持自身过程和功能的限度，则会破坏生态系统过程及提供产品和服务的能力，对环境体造成负债，本书负债类型包括 6 类：水资源耗减型、水体污染物超排型、过度捕捞型、水利工程建设型、水利景观过度开发型、水陆交错带垦殖型。2011 年邢台市水生态系统资产负债价值量为 17.60 亿元，2012 年为 13.59 亿元。邢台市水生态系统资产负债核算成果见表 5-59。

表 5-59　邢台市水生态系统资产负债核算成果

核算期	负债类型	负债	
		实物量	价值量
2011 年	水资源耗减/(亿 m^3/万元)	9.47	168 848.38
	水体污染物超排/(t /万元)	1 887.57	283.14
	过度捕捞/(t /万元)	369	489.41
	水利工程建设/(亿 kW · h /万元)	1.21	6 404.13
	水利景观过度开发	0	0
	水陆交错带垦殖/(km^2/万元)	1.86	45.79
	合计/万元		176 070.85
2012 年	水资源耗减/(亿 m^3/万元)	8.16	130 089.85
	水体污染物超排/(t /万元)	732.82	109.92
	过度捕捞/(t /万元)	576	548.25
	水利工程建设/(亿 kW · h /万元)	0.96	5 105.39
	水利景观过度开发	0	0
	水陆交错带垦殖/(km^2/万元)	1.5	36.92
	合计/万元		135 890.33

5.4.3　水生态系统资产负债表

邢台市水生态系统资产负债表编制内容包括资产核算和负债核算，核算指标包括 3 大类 11 亚类。邢台市水生态系统资产负债表见表 5-60 及表 5-61。

表 5-60　2011 年邢台市水生态系统资产负债表　　单位：亿元

核算类别	核算指标		价值量					
			经济体		环境体		合计	
	大类	亚类	期初存量	期末存量	期初存量	期末存量	期初存量	期末存量
水生态系统资产	供给功能	水资源供给	29.19	31.41	19.96	17.42	49.15	48.83
		水能资源供给	0.11	0.18	0.78	0.77	0.89	0.95
		水产品供给	0.46	0.52	0.26	0.47	0.72	0.99
		小计	29.76	32.11	21.00	18.66	50.76	50.77
	调节功能	水源涵养	1.78	2.20	0.01	0.01	1.79	2.21
		洪水调节	8.25	9.90			8.25	9.90
		水质净化	0.08	0.07	0	0	0.08	0.07
		气候调节	88.48	121.63	15.31	28.17	103.79	149.80
		固碳释氧	0.11	0.16	0.02	0.03	0.13	0.19
		提供栖息地			0.08	0.12	0.08	0.12
		小计	98.70	133.96	15.42	28.33	114.12	162.29
	文化功能	休闲旅游	4.77	6.39			4.77	6.39
		科学研究	0	0			0	0
		小计	4.77	6.39			4.77	6.39
	合计		133.23	172.46	36.42	46.99	169.65	219.45
水生态系统资产负债	水资源耗减							16.88
	水体污染物超排							0.03
	过度捕捞							0.05
	水利工程建设							0.64

续表 5-6

核算类别	核算指标		价值量					
	大类	亚类	经济体		环境体		合计	
			期初存量	期末存量	期初存量	期末存量	期初存量	期末存量
水生态系统资产负债	水利景观过度开发							0
	水陆交错带垦殖							0
	合计							17.60
水生态系统净资产								201.85

表 5-61　2012 年邢台市水生态系统资产负债表　单位:亿元

核算类别	核算指标		价值量					
	大类	亚类	经济体		环境体		合计	
			期初存量	期末存量	期初存量	期末存量	期初存量	期末存量
水生态系统资产	供给功能	水资源供给	31.41	32.89	17.42	8.13	48.83	41.02
		水能资源供给	0.18	0.23	0.77	1.35	0.95	1.58
		水产品供给	0.52	0.67	0.47	0.63	0.99	1.30
		小计	32.11	33.79	18.66	10.11	50.77	43.90
	调节功能	水源涵养	2.20	2.62	0.01	0.01	2.21	2.63
		洪水调节	9.90	10.33			9.90	10.33
		水质净化	0.07	0.05	0	0	0.07	0.05
		气候调节	121.63	144.54	28.17	59.32	149.80	203.86
		固碳释氧	0.16	0.19	0.03	0.07	0.19	0.26
		提供栖息地			0.12	0.16	0.12	0.16
		小计	133.96	157.73	28.33	59.56	162.29	217.29
	文化功能	休闲旅游	6.39	8.23			6.39	8.23
		科学研究	0	0			0	0
		小计	6.39	8.23			6.39	8.23
	合计		172.46	199.75	46.99	69.67	219.45	269.42

续表 5-61

核算类别	核算指标		价值量					
	大类	亚类	经济体		环境体		合计	
			期初存量	期末存量	期初存量	期末存量	期初存量	期末存量
水生态系统资产负债	水资源耗减							13.009
	水体污染物超排							0.011
	过度捕捞							0.055
	水利工程建设							0.511
	水利景观过度开发							0
	水陆交错带垦殖							0.004
	合计							13.59
水生态系统净资产								255.83

如图 5-5 及表 5-60 所示，2011 年邢台市水生态系统资产价值量为 219.45 亿元，其中供给功能价值量 50.77 亿元，占比 23.13%；调节功能价值量 162.29 亿元，占比 73.96%；文化功能价值量 6.39 亿元，占比 2.91%。各子类对总价值的贡献前三项依次为气候调节功能、水资源供给功能、洪水调节功能，其价值量分别为 149.80 亿元、48.83 亿元、9.90 亿元，所占比例相应为 68.26%、22.25%、4.51%；三项总价值为 208.53 亿元，三项所占总比例为 95.02%。2011 年邢台市水生态系统 11 项资产价值构成项占比见图 5-5。

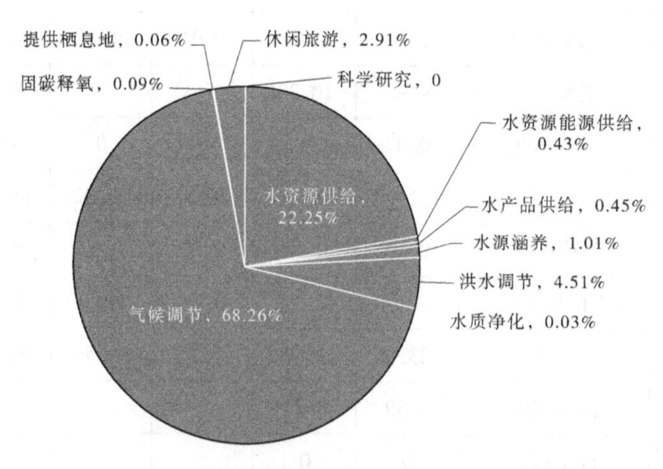

图 5-5　2011 年邢台市水生态系统 11 项资产价值构成项占比

如图 5-6 及表 5-61 所示，2012 年邢台市水生态系统资产价值量为 269.42 亿元，其中供给功能价值量 43.90 亿元，占比 16.30%；调节功能价值量 217.29 亿元，占比 80.65%；

文化功能价值量 8. 23 亿元,占比 3. 05%。各子类对总价值的贡献前三项依次为气候调节功能、水资源供给功能、洪水调节功能,其价值量分别为 203. 86 亿元、41. 02 亿元、10. 33 亿元,所占比例相应为 75. 67%、15. 23%、3. 83%;三项总价值为 255. 21 亿元,三项所占总比例为 94. 73%。2012 年邢台市水生态系统 11 项资产价值构成项占比见图 5-6。

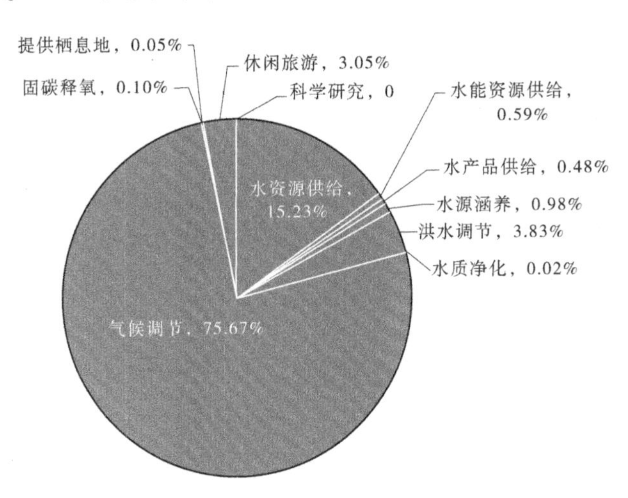

图 5-6　2012 年邢台市水生态系统 11 项资产价值构成项占比

从大类核算指标来看,调节功能的价值量对邢台市水生态系统资产构成的贡献率较大。从亚类核算指标来看,气候调节功能、水资源供给功能、洪水调节功能是邢台市水生态系统提供的主要产品及服务,三项功能的价值对邢台市水生态系统资产价值构成的贡献率较大,其贡献率约 95%。与 2011 年相比,2012 年气候调节功能价值量所占比例有所增加,主要原因在于 2012 年水域面积的增加,水域面积的变化对气候调节功能的价值量影响较大。

如表 5-60 及表 5-61 所示,2011 年邢台市水生态系统资产负债价值为 17. 60 亿元,其中水资源耗减型负债价值为 16. 88 亿元,所占比例为 95. 90%;2012 年邢台市水生态系统资产负债价值为 13. 59 亿元,其中水资源耗减型负债价值为 13. 009 亿元,所占比例为 95. 73%。可知,造成邢台市水生态系统资产负债的压力因素主要为人类对水资源的过度开发利用。

2011 年邢台市水生态系统资产价值量为 219. 45 亿元,其中经济体资产价值为 172. 46 亿元,环境资产价值为 46. 99 亿元;2011 年邢台市水生态系统资产负债核算价值为 17. 60 亿元;依据“净资产=资产-负债”恒等式,得到 2011 年邢台市水生态系统净资产为 201. 85 亿元。2012 年邢台市水生态系统资产价值量为 269. 42 亿元,负债价值为 13. 59 亿元,净资产为 255. 83 亿元。

5.5　小　结

依据本书所述水生态系统资产存量及变动表、水生态系统资产负债表编制方法,对邢台市水生态系统资产存量及变动表、邢台市水生态系统资产负债表进行了试编。以 2011

年、2012 年作为核算期,选择了供给功能、调节功能、文化功能 3 大类 11 亚类核算指标,对邢台市水生态系统资产的期初存量、期末存量及其变化情况等方面进行了实物量核算,在此基础上,划分经济体和环境体,分别核算经济体和环境体对应的水生态系统资产实物量;采用市场价值理论法及成果参照法,计算了邢台市水生态系统资产价值量。分析了水资源耗减、水体污染物超排、过度捕捞、水利工程建设、水利景观过度开发、水陆交错带垦殖等 6 种人类活动对水生态系统产生的影响,计算其负债实物量及价值量。结果表明,2011 年邢台市水生态系统资产价值量为 219. 45 亿元,负债价值量为 17. 60 亿元;净资产为 201. 85 亿元。2012 年邢台市水生态系统资产价值量为 269. 42 亿元,负债价值量为 13. 59 亿元,净资产为 255. 83 亿元。气候调节、水资源供给及洪水调节是邢台市水生态系统提供的主要产品及服务,水资源耗减、水体污染物超排及水利工程建设是造成邢台市水生态系统资产负债的主要影响因素。

第6章　水生态系统资产核算对水资源管理的支撑作用

6.1　水资源评价与水生态系统资产核算异同点

水资源评价一般是针对某一特定区域，在水资源调查的基础上，研究特定区域内的降水、蒸发、径流诸要素的变化规律和转化关系，阐明地表水和地下水资源数量、质量及其时空分布特点，开展需水量调查和可供水量的计算，进行水资源供需分析，寻求水资源可持续利用最优方案，为区域经济、社会发展和国民经济各部门提供服务。

水资源评价内容一般包括降水评价、水资源数量评价、水资源质量评价及水能资源评价。

(1)降水评价是在划定水资源分区的基础上，选用通过可靠性、一致性、代表性审查的雨量站观测数据，分析区域内降水量特征值、降水量的时空分布规律。

(2)水资源数量评价包括地表水资源数量、地下水资源数量、水资源总量及非常规水资源量的计算。

(3)水资源质量评价是针对水库、河流等地表水和地下水等水体中污染物的来源、种类、污染途径等的评价，以确定地表水体及地下水体的水质类别。

(4)水能资源评价是对水体的位能、压能和动能等能量资源进行评价。

水能资源评价是水资源合理开发利用的前提，科学地评价本地区水资源的状况，是合理开发利用水资源的前提，水能资源评价是水资源规划的依据，合理的水资源评价对正确了解规划区水资源系统状况、科学制定规划方案有十分重要的作用，水资源保护及管理一系列政策制定的根本依据就是水资源评价结果。

本书中水生态系统资产核算是针对水生态系统可提供产品及服务的“存量-流量”关系进行核算，包括水生态系统资产存量及变动表和水生态系统资产负债表。水生态系统资产存量及变动表旨在以实物量形式表征水生态系统向人类提供的所有产品及服务的功能总和，通过记录某一核算期内、期初和期末水生态系统资产存量及其变化，来反映水生态系统资产在自然和人类双重影响下的状态及变化。水生态系统资产负债表是在水生态系统资产存量及变动表的基础上，依据水生态系统资产的权属性，将水生态系统资产划分为经济体及环境体两个权利主体所拥有的产品及服务，进而明确不同权利主体的资产、负债及净资产，水生态系统资产负债表既描述水生态系统资产的权属关系，也反映水生态系统向人类福祉所提供的产品和服务,以及人类不合理利用对水生态系统造成的损害。

本书水生态系统资产核算内容包括供给功能、调节功能及文化功能。供给功能包括水资源供给功能、水能资源供给功能及水产品供给功能3项;调节功能包括水源涵养功能、洪水调节功能、水质净化功能、气候调节功能、固碳释氧功能及提供栖息地功能6项;文化功能包括休闲旅游功能及科学研究功能2项。水资源供给功能核算指标包括降水形成的地表水及地下水资源量、非常规水资源量、流入/流出量、回归水量、经济体取水量、河道内生态耗水量等;水能资源供给功能主要是计算河流水体中蕴藏的水能资源量;水产品供给功能是对水生态系统提供的鱼类、虾蟹类、贝类等水产品数量进行核算;水源涵养功能核算内容包括水库、湖泊、湿地等水体的年均蓄水量;洪水调节功能核算内容是计算水库、湖泊及湿地等水体调节洪水量;水质净化功能在对水质评价的基础上计算水体的纳污能力;气候调节功能是对因水汽蒸发过程增加空气湿度和降低温度所消耗的电量进行计算;固碳释氧功能计算水体中藻类及水生植物利用叶绿素进行光合作用,固定碳素量及释放氧气量;提供栖息地功能是对为动植物提供繁衍及庇护场所的水域面积进行计算;休闲旅游功能计算水利景观的旅游人次;科学研究功能是对湿地提供科学研究试验的水域面积进行计算。

从水资源评价内容及水生态系统资产核算内容角度出发,二者既有重叠又有显著不同。水生态系统资产核算中水资源供给功能的核算是采用水资源评价中降水评价、水资源数量评价的理论及方法,来分析水生态系统提供的水资源在经济活动中的利用、消耗、减少量和增加量情况;水能资源供给功能同样是以水资源评价中水能资源的计算理论及方法来分析水生态系统中水能资源的存量及其变化情况;水质净化功能核算是在水资源评价中水质评价的基础上,计算水体的纳污能力及其变化情况;洪水调节功能核算依据水资源评价中降水评价及在水资源评价的基础上,对调节洪水量及其变化情况进行核算。总体来说,水生态系统资产核算中水资源供给、水能资源供给、水质净化及洪水调节4项功能的核算是以水资源评价相关理论及方法为基础,进一步分析存量及其变化情况。水生态系统中水产品供给功能、水源涵养功能、气候调节功能、固碳释氧功能、提供栖息地功能、休闲旅游功能及科学研究功能等7项指标的核算在水资源评价中涉及较少或只有定性分析,且在水资源评价中无法体现人类因水资源的开发利用对水生态系统所造成影响的定量分析。水生态系统资产核算指标体系较水资源评价内容更全面,不仅能够摸清各核算指标的"家底",又能准确掌握各核算指标在经济活动中的利用、消耗、增加量和减少量,同时能够反映水生态系统向人类福祉所提供的产品和服务,以及人类不合理利用对水生态系统造成的损害。水资源评价及水生态系统资产核算内容的异同点见图6-1。

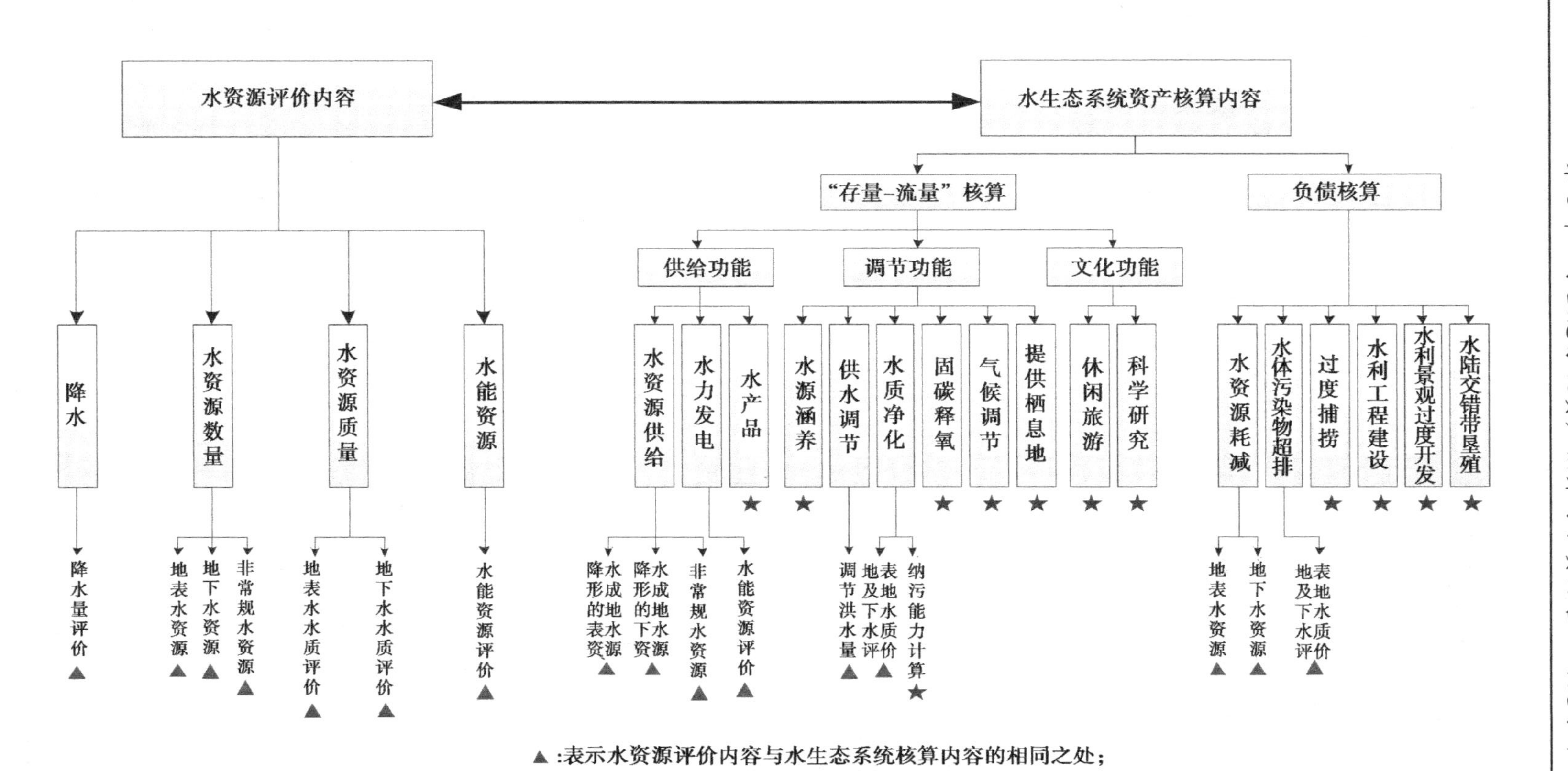

▲:表示水资源评价内容与水生态系统核算内容的相同之处；
★:表示水资源评价内容与水生态系统核算内容的不同之处。

图 6-1　水资源评价及水生态系统资产核算内容的异同点

6.2 水生态系统资产核算对水资源管理的支撑作用

目前,人类对水生态系统的涉水活动利用主要集中在取用和消耗水资源以满足生活生产需要,利用水域净化能力消纳生活生产废弃物,占用河湖、湿地、海岸线等水域扩张生活生产空间,借助水流动力条件获取水能资源。过高的经济社会用水需求,对水生态用水造成了严重挤占,水域面积萎缩、地下水超采现象时有发生、水环境及水生态系统遭受了严重的污染与破坏。目前,水资源管理与水生态系统保护之间并未达到"紧密耦合"的程度。水生态系统资产核算的分析方法及研究成果可从以下 5 个方面对水资源管理提供支撑。

6.2.1 基于水生态需水,改进水资源优化配置技术,提升水资源总量控制管理水平

水生态系统组分及其过程为人类生存和社会发展无偿提供了多种多样的物质产品及服务,如向人类经济社会提供的水资源、水能资源、鱼类、虾蟹类等物质产品,再如提供的调节服务(水源涵养、洪水调节、水质净化、气候调节、固碳释氧、提供栖息地等)和文化服务(休闲旅游、美学体验、科学研究等)。在水生态系统向人类提供的多种服务中,非实物性的水生态系统服务占绝大部分,它对人类的生存发展影响往往是间接的,且其价值难以量化,使得水生态系统服务的价值往往被人类所忽略。以往人类过度关注水资源供给价值,不断扩张性、掠夺性地开发利用水资源,以满足日益增长的用水需求,造成了水资源的过度开发,引起了水生态系统结构与功能的严重退化,迫使人类逐渐认识到维持水生态系统健康的重要性。

以水资源总量控制为准则进行区域水资源优化配置,既要考虑生活、生产的需水要求,也应充分考虑维持水生态系统健康的用水需求,确定水生态系统所需要水资源的数量、质量及保证率等目标,综合考虑水资源供给的生态效益、社会效益、经济效益,并将生态效益作为重中之重进行统筹,保障水生态系统的供给功能、调节功能、文化功能。水资源供给的直接经济效益便于量化,而水生态系统调节功能、文化功能的生态效益和社会效益难以量化。在以往进行区域水资源优化配置时,不能充分体现水生态系统的生态效益和社会效益。

水生态系统资产核算不仅可以量化水资源供给的经济效益,亦可量化水生态系统调节功能、文化功能的生态效益和社会效益,为水资源优化配置提供基础支撑,进而可提高和完善水资源优化配置技术,以达到水资源总量控制下的综合效益最优的开发利用目标。

6.2.2 基于生态补偿,科学制定水价,提高用水效率

水资源对人类生存及社会发展起着决定性作用,优质、充沛的水资源维系了水生态系统健康,促进了水生态系统持续向人类经济社会提供多种物质产品及水生态系统服务。以往由于水价过低,人类肆意消耗水资源,对水资源造成了严重的浪费,破坏了水生态系统结构的完整性,使得诸多水生态系统功能逐渐丧失,也导致了诸多水资源供需矛盾。为

实现水资源的可持续利用,保护水生态系统修复其受损功能,需着重考虑环境水价的影响,目前环境水价制定时只考虑了污水处理费用,还未加入生态补偿成本。未来水价改革可尝试将生态补偿成本纳入水价体系,以弥补因水资源的过度开发利用和跨区域调水工程对水生态环境造成的破坏和损失,提高用水效率。

水生态系统资产核算充分体现了水生态系统中供给功能、调节功能、文化功能的生态效益、社会效益、经济效益的量化指标,为水价改革和科学制定水价体系提供了技术支撑。科学的水价体系是提高用水效率的经济杠杆。

6.2.3　提升水功能区限制纳污管理水平

以往粗放型经济发展模式使得水体已经无法消纳各种污染物排放所带来的水生态危害,导致众多河流有水皆污,大面积水体富营养化,形成黑臭水体,破坏了水生态系统结构,引起了水生态系统诸多功能的逐渐丧失。面对日益严重的水环境污染,迫切需要提高水质净化能力,采用科学技术手段进行河湖水质监测,实现数据采集、传输、存储及处理的自动化,建立数字化水质监测系统,实时监测水质及其变化,及时调整监测断面污染物排放量,避免笼统的总量控制,从源头上截污、控污、改善河湖水质,实行智慧水务管理。

水生态系统资产核算分析了水体的纳污能力,并定量分析了人类过度排放污染物对水生态系统造成的影响,研究成果能够充分反映区域水功能区水体纳污所产生的社会效益、经济效益及生态效益,对各种效益的量化分析能够为水功能区限制纳污管理目标的确定提供一种具有可行性、可操作性的分析手段;同时,研究成果可使人类能够清楚地认识到水体水质净化和水功能区限制纳污管理的重要性,提高水生态环境保护的意识,加强对水质净化技术的研究,以达到严格实行水功能区限制纳污的目的。

6.2.4　基于水生态保护红线,建立水生态系统功能区

不同类型的水生态系统功能对人类经济社会的生存和发展发挥着不同程度的重要作用,水资源供给功能作为人类利用的首要水生态系统功能往往被过度利用,从而忽视或限制了其他水生态系统功能。为维持水生态系统功能的可持续发展,要依据区域水生态系统结构和特点,按照整体性原则,划定水生态保护红线,利用遥感技术、地理信息系统技术和大数据信息,绘制区域水生态系统功能区蓝图,建立水域空间动态监控管理体系,确保天然水域面积不减少,严格管控水域功能分区用途,维持“水体-滩涂-岸线”结构稳定,以达到维护河湖的健康稳定、水生态系统的良性循环的目标。

水生态系统资产核算对供给功能、调节功能的实物量和价值量评估,尝试为饮用水水源保护区、水域岸线保护区、洪水蓄滞区、水土保持区、水源涵养保护区、水生生物保护区等保护区范围的划定及考核指标体系提供基础数据支撑。

6.2.5　着力培育水生态文化,促进水生态文明建设

水生态系统功能中休闲旅游、科学研究、美学体验等功能,为人类提供了多种多样的精神产品,使人类从中获得了各种知识,体验愉悦感、满足感等。注重发挥水生态系统的文化功能,充分发掘水利工程中蕴含的水生态智慧,通过河道疏浚及拓宽、堤防加固、水系

连通、生态护岸、水源涵养等一系列措施，打造水利风景区，为人类福祉提供文化体验的同时，提高水生态保护意识。

水生态系统资产核算对水生态系统文化功能价值的量化分析，能够清晰明确展示水生态系统所具有的经济效益，建议着力培育水生态文化，充分发挥水生态优势，积极发展水生态经济，把培育公众水生态文化作为水生态环境治理的“软实力”，提高全民的水生态环境保护意识，促进公众参与水生态文明建设的积极性。

第 7 章　结论与展望

7.1　结　论

水生态系统是最基础、最重要的一种自然生态系统类型，提供了人类生存的物质产品，同时维系了自然生态系统结构、功能及生态过程。水生态系统资产核算是生态系统核算在水资源方向的具体应用，对水生态系统提供的产品和服务进行定量评价有助于全面认识水资源，为水资源的优化配置及高效利用提供基础数据支撑，使得水资源的利用在不破坏水生态系统平衡的条件下，达到社会效益、经济效益及环境效益等综合效益的最大化，对水资源的保护及管理有着重大意义。本书水生态系统资产核算在遵循国民账户体系核算理念、规则和原则的基础上，结合综合环境与经济核算体系核算概念和框架，通过构建水生态系统资产存量及变动表和水生态系统资产负债表来反映水生态系统资产存量和流量之间的关系。主要结论如下：

(1)确定了水生态系统资产概念及分类。

通过归纳总结资产的一般概念及属性、生态系统资产的概念及属性，进而确定水生态系统资产概念。水生态系统资产是生态系统资产在水生态系统方面的延伸和具体化，水生态系统资产的定义应在生态系统资产概念的基础上，结合水资源的可再生性、随机性和流动性的特点，遵循资产的稀缺性、有权属和收益性的一般属性，体现水生态系统维持自然环境条件与效用的功能，以及为人类经济社会提供服务与产品的属性。将水生态系统资产定义为：所有者通过拥有特定水生态系统而获得的可提供所有产品和服务的功能总和。该功能可以使水生态系统向人类经济社会提供各类产品及服务，也包括水生态系统内部及与其他生态系统之间所交换的产品及服务。

本书水生态系统资产分类与生态系统评估研究同步，从水生态系统功能角度对其进行分类，确定核算指标体系。核算指标包括供给功能、调节功能及文化功能 3 大类。其中，供给功能包括水资源供给功能、水能资源供给功能、水产品供给功能 3 亚类；调节功能包括水源涵养功能、洪水调节功能、水质净化功能、气候调节功能、固碳释氧功能、提供栖息地功能 6 亚类；文化功能包括休闲旅游功能及科学研究功能 2 亚类。

(2)确定了水生态系统资产核算范围及对象。

本书中水生态系统资产核算范围包括水库、河流、湖泊、湿地及地下水系统在内的淡水生态系统。水生态系统资产核算对象主要针对水生态系统“存量-流量”进行核算。其中，水生态系统存量指水生态系统资产，反映了水生态系统提供产品和服务的能力，对存量及其变化的统计核算可以清楚地认识到水生态系统状态的变化和其未来提供“流量”能力的改变。由于环境资产涉及内容广泛，部分可能为人类带来惠益的资源以实物记录的存量经济价值为零，同时在资产核算中由实物量到价值量转换过程中的复杂性甚至不同估价方法所产生的较大差距，对很多环境资产而言，并不存在就其自然状态进行交易的市场，一项资产的经济价值有时很难确定，本书只进行水生态系统资产的实物量核算。

水生态系统流量由水生态系统功能和生态过程产生，它表示水生态系统向人类福祉和其他生态系统提供的产品和服务，考虑水生态系统与其他生态系统间的物质和能量交换错综复杂，本书中流量仅指水生态系统与人类经济社会所发生的相互流量关系。该流量既包括水生态系统向人类经济社会提供的正向输入，又包括人类经济和社会活动向水生态系统的反向输出，对其进行实物流量和价值流量计算。

(3)提出了水生态系统资产存量及变动表编制方法。

水生态系统资产存量及变动表主要通过记录某一核算期内期初和期末水生态系统资产存量及其变化，来反映水生态系统资产在自然和人类双重影响下的状态及变化。借鉴SEEA2012环境资产账户所包括的实物型资产账户和价值型资产账户编制经验，考虑实物型资产账户所记录的经济价值属性及由实物量到价值量转换过程中的复杂性，只针对实物型水生态系统资产存量及变动表进行讨论。本书水生态系统资产存量及变动表以水生态系统功能类型为依据，对水生态系统各类功能资产进行独立核算，各类功能核算表在纵向上反映每一类功能的期初存量、期末存量，以及期间的变化量（包括增加量和减少量），遵循"期末存量=期初存量+存量增加-存量减少"的平衡关系，在横向上表示水生态系统功能类型，其平衡关系遵循自然资源资产账户平衡关系。依据水生态系统资产存量及变动表一般表式，结合水生态系统组分及生态过程，逐项设计每一类功能的存量及变动表的表内指标、表内遵循的平衡关系式，并采用实物评估法详解表内指标实物量的填报方法。

(4)确定了水生态系统资产负债表编制方法。

水生态系统资产负债表是在水生态系统资产存量及变动表的基础上，依据水生态系统资产的权属性，划分为经济体和环境体，进而明确不同权利主体的资产、负债及净资产，包括资产核算和负债核算。资产核算包括水生态系统向经济体提供的各项产品及服务，以及环境体保留量两个方面，核算内容为包括实物量核算及价值量核算。负债核算通过引入环境体作为一个虚拟主体，并设定负债发生临界点，明确水生态系统资产负债的债权方和债务方，构建关于水生态系统资产负债的债权债务关系，包括实物量及价值量核算两项内容。

①实物量核算方法：实物资产评估法。研究者通过查阅统计资料、调研走访、模型演算、野外试验研究、遥感技术及地理信息系统等手段来获取水生态系统服务功能量核算的基础数据。

②价值量核算方法：市场价值理论法及成果参照法。本书所采用的市场价值理论法包括市场价值法、替代成本法、影子工程法。

③确定了水生态系统资产负债界定标准及计算方法。

当人类的开发利用活动超过水生态系统的生态容量即表示经济体对环境产生负债，负债项核算的难点在于水生态容量的界定。本书负债形成影响因素包括水资源耗减、水体污染物超排、过度捕捞、水利工程建设、水利景观过度开发、水陆交错带垦殖等6项，逐项分析计算了其生态容量，界定负债形成标准及负债核算方法。

(5)运用核算框架对邢台市水生态系统资产核算进行了案例应用。

对邢台市水生态系统资产存量及变动表、邢台市水生态系统资产负债表进行了试编。选择 2011 年、2012 年作为核算期,对邢台市水生态系统资产的期初存量、期末存量及其变化情况等方面进行了实物量核算,在此基础上,划分经济体和环境体,分别核算经济体和环境体拥有的水生态系统资产实物量及价值量。分析了水资源耗减、水体污染物超排、过度捕捞、水利工程建设、水利景观过度开发、水陆交错带垦殖等 6 项人类活动对水生态系统产生的影响,计算其负债实物量及价值量。结果表明,2011 年邢台市水生态系统资产价值量为 219.45 亿元,负债价值量为 17.60 亿元;净资产为 201.85 亿元。2012 年邢台市水生态系统资产价值量为 269.42 亿元,负债价值量为 13.59 亿元,净资产为 255.83 亿元。气候调节、水资源供给及洪水调节等 3 项是邢台市水生态系统提供的主要产品及服务,水资源耗减、水体污染物超排及水利工程建设是造成邢台市水生态系统资产负债的主要影响因素。

(6)水生态系统资产核算对水资源管理的支撑作用。

水资源管理与水生态系统保护之间并未达到紧密耦合的程度,水生态系统资产核算的分析方法及研究成果可为水资源管理措施、监管体系及管理政策的制定提供一种可行、可操作的技术参考手段,提升水资源管理水平,促进水生态系统与水资源管理的紧密耦合。

7.2　创新点

(1)水生态系统资产核算框架中“存量-流量”的界定。

遵循 SNA、SEEA 和 SEEA/EEA 的核算思路,界定水生态系统存量和流量概念及边界。通过存量及其变化的统计核算,清楚地认识水生态系统状态的变化和其未来提供流量能力的改变。通过流量核算明确人类享受水生态系统服务所引起的水生态系统存量变化。

(2)基于“存量-流量”核算思路的水生态系统资产核算框架的建立。

通过建立水生态系统资产存量及变动表和水生态系统资产负债表,体现水生态系统资产核算中“存量-流量”之间的关系。

(3)提出水生态系统资产存量及变动表框架体系。

以综合环境与经济核算体系中资产账户为依托,结合水生态系统功能分类,确定水生态系统资产存量及变动表基本框架,并详细阐述各类水生态系统资产的期初存量、期末存量及变化情况、表内平衡关系、核算指标的填报方法。

7.3　存在问题与展望

本书以包括水库、河流、湖泊、湿地及地下水系统在内的水生态系统为研究对象,解析了水生态系统资产概念、水生态系统资产负债概念及形成机制;构建了水生态系统资产“存量-流量”核算框架体系;提出了水生态系统资产存量及变动表的表式结构、表内平衡关系式,以及表内指标的填报方法;确定了水生态系统资产负债表编制方法;选择邢台市作为案例研究区,依据水生态系统资产“存量-流量”核算框架及核算方法,试编了邢台市水生态系统资产存量及变动表和邢台市水生态系统资产负债表。由于时间和技术水平有限,且受基础资料的制约,虽取得了一定的成果,但仍存在一些不足,不足之处将在后续研究中进一步分析。

(1)基础资料难以全面支撑水生态系统资产核算。

水生态系统资产核算所需数据涉及统计、经济、水利、渔业、旅游业等多部门,现有监测水平对获取全面基础数据尚有一定难度,难以全面支撑水生态系统资产核算。例如,水资源供给功能资产存量及变动表中生态耗水量在现有监测技术水平下无法通过正向计算得到,将其作为平衡项处理。受基础资料可获得性限制,本书只选择了供给功能、调节功能、文化功能3大类11亚类核算指标。待数据资料更翔实,进一步扩大水生态系统资产核算指标范围,更加全面地体现水生态系统资产。水生态环境的变化是动态且复杂的,对水生态系统资产进行连续核算,才能了解和掌握区域水生态系统结构和生态过程变化的特点及人类活动对水生态系统产生的影响。受基础资料可获得性限制,本书仅对邢台市2011~2012年水生态系统资产进行了核算,难以反映邢台市水生态系统与人类活动之间的动态变化关系。应进一步提高基础资料监测水平,以获取全面的基础资料,进行系统的、全面的水生态系统资产核算。

(2)水生态系统资产核算过程中个别参数取值存在着主观定量的问题。

例如,进行水产品供给功能核算时,鱼类、虾蟹及其他水产品产量比例数据、水产品丰度数据,水利景观旅游人次、旅游收入在旅游总人次、旅游总收入中所占比例数据等。在进行核算时,这些数据或是基于小范围的调查统计,或是采用现有研究成果,并未进行全部核算范围内的调查统计或试验研究,这就使得这些数据与真实数据之间存在着一定的差距,导致研究精度有所欠缺。水资源功能价值量核算以现行水价计,但现行水价低于供水成本,更低于水资源的真实价值,所以严重低估了水资源供给的价值。因此,在下一步的研究工作中,期待获取全面准确数据,提高计算精度。

(3)水生态系统资产核算中供给和使用界限不清晰。

在进行水生态系统资产核算时,依据权属划分水生态系统向经济体提供的产品和服务,以及环境保留量。对于经济体与环境体划分界限没有明确的界定,只是简单地将水库水体提供的产品和服务作为向经济体提供的产品和服务,而将河流、湖泊及湿地提供的产品和服务作为环境体保留量。这种划分方法存在一定的问题,如水库这种水体,既可以向经济体提供水资源,又可以向环境提供维持水文循环所必需的水量;又如河流这种水体可以向经济体提供水能资源,同时河流中蕴藏着未被人类开发利用的水能资源,即环境体保留的水能资源。对于经济体和环境体界限如何划分,还需进一步研究。

(4)水生态系统资产负债影响机制和负债界定仍需进一步研究。

人类的开发利用活动超过生态容量即产生负债。基于“压力-状态-响应”框架可知,人类活动对水生态系统造成压力的因素多种多样,每个因素如何影响水生态系统,并对其造成破坏,鲜有理论模拟模型可依据,仍停留在概念层面。经济体与环境体之间逻辑关系的模糊性,以及经济体对环境体影响机制的模糊性,导致了不同的研究者在分析水生态系统资产负债时带有较大的主观随意性,进一步影响了负债项的准确界定,对分析结果影响较大。在后续研究工作中,加强水生态系统过程及服务功能机制研究,进一步探讨人类活动对水生态系统的影响及水生态系统对人类活动干扰所做出的响应,进一步厘清水生态系统资产负债形成机制,为水资源优化配置及高效利用、水资源管理决策提供支撑。

(5)考虑气候变化对水生态系统的影响研究。

气候变化对水生态系统结构、功能及生态过程有着重要的影响,气温的升高、降水频率及强度的变化对水生态系统产生了强烈的影响,使得水资源供给、水产品供给、水源涵养、洪水调节、水质净化、固碳释氧、休闲旅游等水生态系统功能的供给水平呈下降趋势,对区域可持续发展造成不利影响。后续将针对气候变化对水生态系统影响机制及量化方法进行研究,以期厘清气候变化对水生态系统的影响规律。

(6)开展水生态系统功能与区域经济过程的动态变化研究。

本书对水生态系统资产核算研究只是针对水生态系统资产价值的静态描述,后续研究需要采用模拟试验或者定位观测等手段来深入探讨水生态系统功能的内部机制、演变规律及变化影响因素,构建集水生态系统与区域经济于一体的动态模型,以期为区域水生态保护和经济发展提供支撑。

(7)明晰水生态系统资产产权,完善水生态补偿机制研究。

可控或拥有的、产权明晰的水生态系统资产是加强水生态管理的基础,应加强水生态系统资产的确权研究;水生态补偿是水生态系统管理的重要手段之一,是促进水生态系统可持续发展的一种方式。加强对水生态补偿标准、补偿效率等的研究,构建合理完善的补偿框架,实行多元补偿方式和完善补偿制度体系等。